高等学校电子电气基础课程教学基本要求

（2024年版）

教育部高等学校电工电子基础课程教学指导分委员会

中国教育出版传媒集团
高等教育出版社·北京

内容提要

《高等学校电子电气基础课程教学基本要求》(2024年版)是教育部高等学校电工电子基础课程教学指导分委员会组织全国从事相关课程教学的专家学者制定的课程基本质量标准。它给出了电子信息类、电气类、自动化类、仪器类等专业人才培养中相关的电工电子基础课程教学基本要求。其中包括电路理论基础、电路分析基础、信号与系统、信号分析与处理、电磁场、电磁场与电磁波、电子线路(Ⅰ)、电子线路(Ⅱ)、数字电路与逻辑设计、模拟电子技术基础、数字电子技术基础、电工学共12门课程,各自给出了每门课程的性质和任务、课程的基本内容与要求、对工程教育专业认证中毕业要求的支撑项以及参考学时等,为各个专业的课程体系、课程大纲等文件的制定提供了参考以及基本的质量底线要求。

本书可以作为相关专业的负责人、课程负责人在制定专业规范以及课程教学大纲时的参考资料,也可供相关课程的授课教师在教学以及教材编写时参考。

图书在版编目(CIP)数据

高等学校电子电气基础课程教学基本要求:2024年版 / 教育部高等学校电工电子基础课程教学指导分委员会编. -- 北京:高等教育出版社,2024.12(2025.3重印).
--ISBN 978-7-04-063084-8

Ⅰ. TM;TN

中国国家版本馆CIP数据核字第2024U0V878号

Gaodeng Xuexiao Dianzi Dianqi Jichu Kecheng Jiaoxue Jiben Yaoqiu

策划编辑 欧阳舟　责任编辑 欧阳舟　封面设计 王凌波　版式设计 明 艳
责任校对 高 歌　责任印制 耿 轩

出版发行 高等教育出版社
社　　址 北京市西城区德外大街4号
邮政编码 100120
印　　刷 河北信瑞彩印刷有限公司
开　　本 787mm×960mm 1/16
印　　张 4.5
字　　数 83千字
购书热线 010-58581118
咨询电话 400-810-0598
网　　址 http://www.hep.edu.cn
　　　　 http://www.hep.com.cn
网上订购 http://www.hepmall.com.cn
　　　　 http://www.hepmall.com
　　　　 http://www.hepmall.cn
版　　次 2024年12月第1版
印　　次 2025年3月第2次印刷
定　　价 19.80元

物 料 号 63084-00

序　言

2003 年 8 月 28 日，教育部高等教育司发布[2003]141 号文件，决定依托教学指导委员会开展各学科专业发展战略研究和制定学科专业教学规范两项工作，形成《××学科专业发展战略研究》和《××学科专业规范》的报告或《××基础课程教学基本要求》。根据教育部[2003]141 号文件要求，当时的"教育部高等学校电子信息科学与电气信息类基础课程教学指导分委员会"（基础课分教指委，31 名委员）于 2003 年 12 月 5 日在昆明召开的工作会议上就电子电气基础课程教学基本要求的制定问题进行了深入的讨论和研究。按照"电路分析""信号与系统""电磁场""电子技术"和"电工学"5 个方向设立了 5 个研究组开展工作。经过近 8 个月的努力，2004 年 8 月 11—12 日各研究组在成都召开的教指委年会上提交了讨论稿。经过会议讨论，形成了 5 个方向共 12 门课程的"教学基本要求"初稿，紧接着在兰州召开的电子信息与电气学科教学指导委员会（大教指委）会议上做了汇报，得到了充分认可。2006 年第二届基础课分教指委（更名为"教育部电子电气基础课程教学指导分委员会"，33 名委员）成立后，根据教育部要求，对 12 门基础课程的教学基本要求一方面在分教指委工作会议上进行了多轮研讨，另一方面在多个全国性和地区性教材、课程和教学等研究会年会或专题研讨会上进行了广泛宣传和征求意见。所形成的修改版发表于 2009 年第 11 期和第 12 期《教学指导委员会通讯》。

2010 年 5 月 20 日北京"教学基本要求"定稿研讨会上，部分教指委委员再次讨论了教学基本要求（发布稿）的完善、发布、宣传和解读等相关工作。这些内容于 2010 年 7 月 27—28 日在贵阳市召开的电子电气基础课程教学分指导委员会第五次会议上得以确认。会后，前期执笔"教学基本要求"撰写的相关责任委员根据定稿要求又做了相应修订，形成了《电子电气基础课程教学基本要求》，由高等教育出版社于 2011 年出版发行。

2016 年，我国成为工程教育学位国际互认的《华盛顿协议》正式成员国。2017 年，作为中国开展工程教育认证工作唯一合法组织的"中国工程教育认证协会"制订了适用于普通高等学校工程教育本科专业认证的《工程教育专业认证标准》，提供了工程教育本科培养层次的基本质量要求。而电子信息与电气工程专业认证分委员会则制订了适用于电气工程、电子信息工程、通信工程、电子科学与技术、光电信息工程和自动化、微电子学等电子信息与电气工程类专业认证的"补充标准"。与 12 门电子电气基础课程教学基本要求相关的是，"补充标准"中列出了"电路理论""工程电磁场""信号与系统分析"和"电子技术基础”4门工程基础类课程。这4门工程基础类课程内容实质上涵盖了电子电气基础课分教指委制定的教学基本要求12门课程中除“电工学”之外的11门课程的内容。因此电子电气基础课分教指委制定的教学基本要求与电子信息与电气工程专业认证分委员会制定的工程基础类课程基本要求方向是一致的。不同的是,前者详细,用于教学,后者宽泛,用于认证,二者具有相辅相成的关系。站在课程教学的立场上,可以认为,“教学的基本要求”既是落实“认证的基本要求”的实施细节,又是达到“认证的基本要求”的基本前提。同时,机械、化工与制药、水利、环境工程、安全工程、矿业、材料、仪器和地质等非电类专业则把“电工学”或“电工与电子技术”列为其工程基础课程之一。因此,电工电子基础课程教学指导分委员会制定教学基本要求的12门电工电子基础课程,构成了半数以上工程类专业工程教育专业认证补充标准确定的工程基础类课程,在工程教育专业认证过程中,作为不可或缺的必修课程为众多专业的多项毕业要求的达成提供了重要的支撑。

到了2020年,在工程教育认证协会发布的《工程教育认证自评报告指导书》中对课程目标达成情况评价机制的运行情况给出了要求:① 列出最近一次开展课程目标达成情况评价的课程清单;② 提供2门课程(1门理论课,1门实践课)的课程目标达成情况评价报告(包括课程目标、课程目标与毕业要求观测点的对应关系、评分标准、评价方法,评价依据和评价结果)。这样,作为重要工程基础类课程的电工电子基础课程急需课程目标达成情况作为教学的基本要求内容,《电工电子基础课程教学基本要求》的修订势在必行。因此,2022年8月在哈尔滨召开教育部高等学校电工电子基础课程教学指导分委员会工作会议上确定新版教学基本要求将把工程教育专业认证对课程体系与大纲和课程目标的设定对毕业要求的支撑融入教学基本文件中,为各个高校的工程教育专业认证和广大教师提供一个参考文件。会议确定了各个课程教学基本要求的撰写小组和负责人,并制定了教学基本要求的研制日程。在2023年5月20—21日南京召开的分教指委工作会议上,研讨了5类电工电子基础课程的新版电子电气基础课程教学基本要求的修改。“电路”“信号与系统”“电子技术”“电磁场”和“电工学”等课程研究组组长或教学基本要求修改主笔专家介绍了各个课程教学基本要求的修订情况。各课程按照课程在新工科专业中的定位、工程专业认证指标要求,在课程体系和课程教学大纲设置相应支撑点和模块内容,同时考虑了技术发展、学科交叉以及科技自立自强等方面的因素,对课程内容进行相应的调整。与会专家就各个课程教学基本要求文本进行了深入的讨论并提出了具体的修改意见,建议整理各小组修改内容要点,统一措辞格式,合稿之后组织小组讨论,提交各个课程的正式文本,合成后交出版社出版。现在,电工电子12门基础类课程教学基本要求工作已经完成,由高等教育出版社编辑出版发行。

我们希望全国从事电工电子基础课教学的老师熟悉这些基本要求,并根据这些基本要求去编写教材、讲授课程、组织实验和评价教学质量,推进教学改革,提高教学质量,为国家培养出一批批符合工程教育专业认证标准毕业要求的工程技术人才和卓越工程师。

另一方面,科学进展无止境,教学改革不停步。现在给出的“教学基本要求”虽然定稿,但在实践过程中,还需要适应形势,不断完善。因此,希望大家能够提出修改意见。

这里,谨对参加“教学基本要求”制订的四届电工电子基础课程教学指导分委员会成员和其他为此书作出贡献的教授表示衷心的感谢。

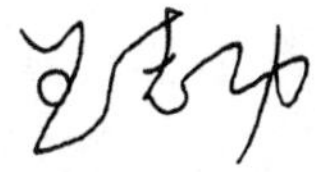

教育部高等学校电工电子基础课程教学指导分委员会　主任委员

2024 年 8 月

目　录

“电路理论基础”课程教学基本要求

一、课程的性质和任务

“电路理论基础”课程是高等学校电气类、电子信息类和自动化类等专业重要的工程基础类课程。“电路理论基础”课程对电路中的电磁现象抽象建模，研究电路的基本规律及电路的分析方法。课程知识体系完整，基础理论与工程应用结合，仿真分析与实验研究结合，具有系统性、综合性和实践性多维度融合的特点。

通过本课程的学习，学生可以掌握电路的理论知识、分析方法和实验技能，培养透过现象看本质，树立工程思维，提升发现、分析和解决问题的能力，形成严谨的科学研究作风和系统的研究分析方法，提高抽象思维能力、实验研究能力、科学归纳能力、批判性思维能力，树立正确价值观，弘扬工匠精神，坚定科技强国的使命担当，为学习后续课程提供必要的电路基础理论知识和实践技能。

学习本课程要求学生具备必要的高等数学和大学物理的基础知识。

二、课程的基本内容与要求

1. 理论教学部分

1.1 电路模型和电路定律

(1) 实际电路与电路模型。

(2) 电路的基本变量，电压、电流及其参考方向。

(3) 基本的电路元件(包括电阻、电容、电感、独立电源、受控电源)，电路元件的特性及其电压-电流关系。

(4) 线性与非线性、时变与非时变、有源与无源的概念，端口的概念。

(5) 电功率与电能。

(6) 基尔霍夫电流定律(KCL)、基尔霍夫电压定律(KVL)。

1.2 电阻电路分析

(1) 等效的概念，串、并联和混联电阻电路的等效变换，星形联结与三角形联结的等效变换，含源电阻电路的等效变换。

(2) 支路电压-电流关系及支路分析法。

(3) 网孔分析法、回路分析法、节点分析法。

(4) 叠加定理、替代定理、戴维南定理与诺顿定理、最大功率传输定理。

(5) 理想运算放大器,含理想运算放大器电路的分析。

(6) 特勒根定理、互易定理。

*(7) 简单的非线性电阻电路的图解法与小信号分析法。

1.3 正弦稳态电路分析

(1) 正弦量的相量表示。

(2) 电路元件的电压-电流关系的相量形式,阻抗、导纳及其等效变换。

(3) 基尔霍夫定律的相量形式。

(4) 正弦稳态电路的分析与计算,相量法,相量图;电路方程、电路定理的相量形式。

(5) 正弦稳态电路的功率,有功功率(平均功率)、无功功率、表观功率(视在功率)及复功率,功率因数及功率因数的提高,最大有功功率传输。

(6) 耦合电感、理想变压器,含耦合电感、理想变压器电路的分析。

(7) 串联谐振、并联谐振及其电路分析。

(8) 三相电路的连接方式,对称三相电路的电压、电流、功率计算及测量。

*(9) 不对称三相电路。

*(10) 电路的频率特性。

1.4 非正弦周期稳态电路分析

(1) 非正弦周期电压、电流及其有效值。

(2) 非正弦周期稳态电路分析,周期性非正弦稳态电路的有功功率。

*(3) 对称三相电路中的高次谐波。

1.5 线性动态电路的时域分析

(1) 一阶电路暂态响应的时域分析,一阶电路的微分方程、初始状态与初始条件、时间常数。

(2) 自由分量与强制分量,暂态分量与稳态分量。

(3) 零输入响应、零状态响应与全响应。

(4) 一阶电路的三要素分析法。

(5) 阶跃函数与阶跃响应。

*(6) 冲激函数与冲激响应。

*(7) 卷积的概念。

(8) 二阶电路暂态响应的时域分析,二阶电路的微分方程,二阶电路暂态响应的过阻尼、临界阻尼、欠阻尼和无阻尼形式。

1.6 线性动态电路的状态变量分析

(1) 状态的概念,状态变量,状态方程,输出方程。

(2) 用直观法列写状态方程。

*(3) 状态方程的复频域解法,状态轨迹,固有频率。

1.7 线性动态电路的复频域分析

(1) 拉普拉斯变换及反变换,拉普拉斯变换的性质。

(2) 电路元件电压-电流关系的复频域形式,基尔霍夫定律的复频域形式,复频域阻抗与复频域导纳。

(3) 复频域电路及其分析。

(4) 网络函数。

(5) 固有频率的概念。

*(6) 极点与零点的概念。

1.8 网络方程的矩阵形式

(1) 图论的基础知识。

(2) 节点-支路关联矩阵,基尔霍夫定律的矩阵形式,复合支路,电压-电流关系的矩阵形式,节点分析方程的矩阵形式。

(3) 基本回路矩阵,基本割集矩阵。

*(4) 基本回路分析方程的矩阵形式,基本割集分析方程的矩阵形式。

1.9 二端口网络

(1) 多端口网络。

(2) 二端口网络的 Z、Y、H、T 参数方程及参数计算。

(3) 含二端口网络电路的分析。

(4) 二端口网络的等效电路。

(5) 二端口网络的联接。

1.10 分布参数电路

(1) 分布参数的概念。

(2) 均匀传输线及其方程。

*(3) 均匀传输线方程的正弦稳态解,特性阻抗,传播常数。

*(4) 入射波和反射波,行波,匹配,相速,输入阻抗,反射系数。

*(5) 无损耗传输线方程的正弦稳态解,驻波。

*(6) 零状态无损耗传输线上的波过程(发出波,反射波,透射波,反射系数,匹配)。

*(7) 柏德生法则。

*(8) 非零状态无损耗传输线上的波过程。

2. 实践教学部分

2.1 掌握仪器工作原理,会使用常用的仪器、仪表(如电压表、电流表、功率表、万用表、稳压电源、信号发生器、示波器等)。

2.2 掌握实验原理,会应用常规的测试方法测量电压、电流、电功率等物理量和电阻、电感、电容等器件的参数,能测定特性曲线,能测量相位差。

2.3 培养学生独立进行实验的能力,能分析并排除一些简单的故障,能正确地读取和记录实验数据,能绘制曲线、分析测量误差。

2.4 培养学生良好的实验习惯,具备撰写实验报告、对实验结果进行分析和解释的能力。

2.5 培养学生初步的设计实验能力和综合实践能力,能将多知识点融会贯通,进行实验设计和解决综合问题。

2.6 掌握一种电路仿真分析软件。

三、对工程教育专业认证毕业要求的支撑

在工程教育专业认证工作中,本课程能够支撑以下毕业要求的内涵观测点。

毕业要求 1　工程知识:能够将数学、自然科学、工程基础和专业知识用于解决复杂工程问题。

课程可以对该要求中的“将数学和工程基础知识用于解决复杂工程问题”方面的内涵观测点提供支撑。

毕业要求 2　问题分析:能够应用数学、自然科学和工程科学的基本原理,识别、表达、并通过文献研究分析复杂工程问题,以获得有效结论。

课程可以对该要求中的“应用工程科学的基本原理,识别、表达”方面的内涵观测点提供支撑。

毕业要求 4　研究:能够基于科学原理并采用科学方法对复杂工程问题进行研究,包括设计实验、分析与解释数据、并通过信息综合得到合理有效的结论。

课程可以对该要求中的内涵观测点提供支撑。

毕业要求 5　使用现代工具:能够针对复杂工程问题,开发、选择与使用恰当的技术、资源、现代工程工具和信息技术工具,包括对复杂工程问题的预测与模拟,并能够理解其局限性。

课程可以对该要求中的“使用现代工程工具和信息技术工具”方面的内涵观测点提供支撑。

四、几点说明

(1)“电路理论基础课程教学基本要求”只提出了教学的基本内容和可选内容(序号前标记“*”号的内容),对于课程内容体系、教学方法、教学环节等,学校可以自主安排。亦可补充认为必要的以及新的内容,或按教学内容整合形

成新的课程，以利于进行各种教学改革的尝试，形成各校的特色。

（2）在课堂讲授、实验课、习题课与课外练习等教学环节中，应注意贯彻理论联系实际的原则，并注意学生逻辑思维能力、工程观点和分析与解决问题能力的培养，树立正确的价值观和科学素养。

（3）根据本课程的特点，必须严格要求学生独立完成一定数量的习题。

（4）课程的实践环节可以根据学校情况自主安排。

（5）可以根据专业的要求设置教学学时数，建议课程学时数 64 学时。

“电路分析基础”课程教学基本要求

一、课程的性质和任务

“电路分析基础”课程是高等学校电子信息类和自动化类等专业重要的工程基础类课程。“电路分析基础”课程对电路中的电磁现象抽象建模，研究电路的基本规律及电路的分析方法。课程知识体系完整，基础理论与工程应用结合，仿真分析与实验研究结合，具有系统性、综合性和实践性多维度融合的特点。

通过本课程的学习，学生可以掌握电路的理论知识、分析方法和实验技能，培养透过现象看本质，树立工程思维，提升发现、分析和解决问题的能力，形成严谨的科学研究作风和系统的研究分析方法，提高抽象思维能力、实验研究能力、科学归纳能力、批判性思维能力，树立正确价值观，弘扬工匠精神，坚定科技强国的使命担当，为学习后续课程提供必要的电路基础理论知识和实践技能。

学习本课程要求学生具备必要的高等数学和大学物理的基础知识。

二、课程的基本内容与要求

1. 理论教学部分

1.1 电路模型和电路定律

(1) 实际电路与电路模型。

(2) 电压、电流及其参考方向。

(3) 电阻元件及其电压-电流关系，欧姆定律。

(4) 基尔霍夫定律。

(5) 电压源、电流源及受控源。

(6) 电功率、电能。

(7) 线性与非线性的概念。

*(8) 时变与非时变的概念。

*(9) 有源与无源的概念。

1.2 电阻电路分析

(1) 等效的概念，串、并联和混联电阻电路的等效变换，星形联结与三角形联结的等效变换，含源电阻电路的等效变换。

(2) 支路分析法，网孔分析法，回路分析法，节点分析法。

(3) 叠加定理,替代定理,戴维南定理和诺顿定理,最大功率传输定理。

(4) 含理想运算放大器电路的分析。

*(5) 简单非线性电阻电路的分析。

*(6) 图论的基础知识。

*(7) 特勒根定理,互易定理。

1.3 动态电路分析

(1) 电容元件、电感元件及其电压-电流关系,电容、电感的贮能,初始状态与初始条件。

(2) 一阶电路方程的建立和求解,时间常数,零输入响应、零状态响应和全响应,三要素分析法,暂态和稳态的概念。

(3) 阶跃函数,阶跃响应。

(4) 二阶电路方程的建立,固有频率。

(5) 二阶电路响应的振荡和非振荡,自由振荡。

*(6) 冲激函数,冲激响应。

*(7) 卷积的概念。

*(8) 用拉普拉斯变换求解线性动态电路。

1.4 正弦稳态电路分析

(1) 正弦量及其相量表示。

(2) 基尔霍夫定律的相量形式,元件电压-电流关系的相量形式;阻抗和导纳;正弦稳态电路的分析,相量法,相量图。

(3) 平均功率(有功功率),表观功率(视在功率),无功功率,复功率;功率因数及功率因数的提高。

(4) 耦合电感的电压-电流关系,同名端,耦合系数,含耦合电感电路的分析。

(5) 理想变压器的电压-电流关系,含理想变压器电路的分析。

(6) 二端口网络的概念,*Z*、*Y*、*H*、*T* 参数方程及参数计算;含二端口网络电路的分析,二端口网络的等效电路。

(7) 正弦稳态电路的网络函数。

(8) *RLC* 串联和并联电路的频率响应,谐振频率,品质因数,通频带和选频的概念。*RC* 电路的低通、高通性质。

(9) 三相电路的连接方式,对称三相电路中电压、电流和功率的计算。

*(10) 二端口网络的连接。

1.5 非正弦周期稳态电路分析

(1) 非正弦周期电压、电流及其有效值。

(2) 非正弦周期稳态电路的计算。

(3) 非正弦周期稳态电路的有功功率。

2. 实践教学部分

2.1 掌握仪器工作原理,会使用常用的仪器、仪表(如电压表、电流表、功率表、万用表、稳压电源、信号发生器、示波器等)。

2.2 掌握实验原理,会应用常规的测试方法测量电压、电流、电功率等物理量和电阻、电感、电容等器件的参数,能测定特性曲线,能测量相位差。

2.3 培养学生独立进行实验的能力,能分析并排除一些简单的故障,能正确地读取和记录实验数据,能绘制曲线、分析测量误差。

2.4 培养学生良好的实验习惯,具备撰写实验报告、对实验结果进行分析和解释的能力。

2.5 培养学生初步的设计实验能力和综合实践能力,能将多知识点融会贯通,进行实验设计和解决综合问题。

2.6 掌握一种电路仿真分析软件。

三、对工程教育专业认证毕业要求的支撑

在工程教育专业认证工作中,本课程能够支撑以下毕业要求的内涵观测点。

毕业要求1 工程知识:能够将数学、自然科学、工程基础和专业知识用于解决复杂工程问题。

课程可以对该要求中的"将数学和工程基础知识用于解决复杂工程问题"方面的内涵观测点提供支撑。

毕业要求2 问题分析:能够应用数学、自然科学和工程科学的基本原理,识别、表达、并通过文献研究分析复杂工程问题,以获得有效结论。

课程可以对该要求中的"应用工程科学的基本原理,识别、表达"方面的内涵观测点提供支撑。

毕业要求4 研究:能够基于科学原理并采用科学方法对复杂工程问题进行研究,包括设计实验、分析与解释数据、并通过信息综合得到合理有效的结论。

课程可以对该要求中的内涵观测点提供支撑。

毕业要求5 使用现代工具:能够针对复杂工程问题,开发、选择与使用恰当的技术、资源、现代工程工具和信息技术工具,包括对复杂工程问题的预测与模拟,并能够理解其局限性。

课程可以对该要求中的"使用现代工程工具和信息技术工具"方面的内涵观测点提供支撑。

四、几点说明

(1)“电路分析基础课程教学基本要求”只提出了教学的基本内容和可选内容(序号前标记“ * ”号的内容),对于课程内容体系、教学方法、教学环节等,学校可以自主安排。亦可补充认为必要的以及新的内容,或按教学内容整合形成新的课程,以利于进行各种教学改革的尝试,形成各校的特色。

(2)在课堂讲授、实验课、习题课与课外练习等教学环节中,应注意贯彻理论联系实际的原则,并注意学生逻辑思维能力、工程观点和分析与解决问题能力的培养,树立正确的价值观和科学素养。

(3)根据本课程的特点,必须严格要求学生独立完成一定数量的习题。

(4)课程的实践环节可以根据学校情况自主安排。

(5)可以根据专业的要求设置教学学时数,建议课程学时数 64 学时。

“信号与系统”课程教学基本要求

一、课程的性质和任务

本课程是电子信息类、电气类、自动化类、仪器仪表类等专业本科生的一门重要的工程基础类课程，也是以信息化和智能化为主要特征的新工科专业的核心课程，主要阐述信号与系统分析的基本理论和分析方法，以及信号与线性非时变系统在不同域下的作用机理。课程概念性强，知识面广，系统性强，课程内容支撑前沿技术，具有基础性、综合性和跨学科的特色。

本课程主要任务是基于相关的数学和物理概念，建立信号与系统的分析模型，在时域和变换域表示和分析信号，研究信号分析和系统分析的基本原理与方法，并通过实例分析介绍其在工程实际中的应用。本课程可以培养学生将数学、物理等多门基础课程的科学知识与工程应用结合，进行建模、解模、分析等工作，提高学生应用信号与系统的基本原理与方法分析解决复杂工程问题的能力，为学生进一步学习数字信号处理、通信理论、自动控制、测控技术、人工智能等相关课程奠定良好的基础。

二、课程的基本内容与要求

1. 信号与系统的基本概念

1.1　掌握信号的基本描述方法、分类及其基本运算。

1.2　掌握常见信号的定义及其特性。

1.3　掌握系统的基本概念和描述方法。

1.4　掌握线性非时变(LTI)系统的概念。

2. 连续时间系统的时域分析

2.1　掌握连续时间系统数学模型的建立方法。

2.2　了解常系数线性微分方程的经典解法，了解自然响应与受迫响应等概念。

2.3　掌握系统的冲激响应的概念及其求解方法。

2.4　掌握信号卷积积分的概念及其性质。

2.5　掌握系统零输入响应和零状态响应的概念及其求解方法。

3. 连续时间信号的频域分析

3.1 掌握周期信号的傅里叶级数展开。

3.2 掌握非周期信号傅里叶变换及其基本性质。

3.3 掌握信号频谱的概念及其特性。

3.4 掌握常见信号的频谱。

4. 连续时间系统的频域分析

4.1 掌握系统频率响应的概念及其求解方法。

4.2 掌握连续 LTI 系统响应的频域分析方法。

4.3 掌握理想低通滤波器特性,了解系统延时、失真、因果等概念。

4.4 掌握线性非时变系统的不失真传输条件。

5. 连续时间信号的复频域分析

5.1 掌握信号单边拉普拉斯变换的定义。

5.2 掌握常见信号的单边拉普拉斯变换。

5.3 掌握单边拉普拉斯变换的性质。

5.4 掌握拉普拉斯反变换的计算方法(部分分式法)。

6. 连续时间系统的复频域分析

6.1 掌握连续 LTI 系统的复频域(s 域)分析方法。

6.2 掌握系统函数的概念及其求解方法。

6.3 掌握系统函数零极点的概念及其应用。

6.4 理解连续 LTI 系统的稳定性概念及其分析方法。

6.5 掌握连续 LTI 系统的框图或流图描述。

7. 离散时间系统的时域分析

7.1 掌握离散时间系统数学模型的建立方法。

7.2 掌握连续信号的取样模型与取样定理。

7.3 理解系统单位样值响应的概念。

7.4 掌握信号卷积和的概念及计算。

7.5 掌握系统零输入响应和零状态响应的概念及其求解方法。

8. 离散时间信号与系统的频域分析

8.1 了解离散傅里叶级数(DFS)及其基本性质。

8.2 了解离散时间傅里叶变换(DTFT)及其基本性质。
8.3 掌握常见离散信号的频谱。
8.4 掌握离散 LTI 系统的频率响应及其求解方法。

9. 离散时间信号的复频域分析

9.1 掌握信号单边 z 变换的定义。
9.2 掌握常见信号的单边 z 变换。
9.3 掌握信号 z 变换的基本性质。
9.4 掌握 z 反变换的计算方法(部分分式法)。
9.5 了解 z 变换与拉普拉斯变换的关系。

10. 离散时间系统的复频域分析

10.1 掌握离散 LTI 系统的复频域(z 域)分析方法。
10.2 掌握系统函数的概念及其计算方法。
10.3 掌握系统函数零极点的概念及其应用。
10.4 理解离散 LTI 系统的稳定性概念及其分析方法。
10.5 掌握离散 LTI 系统的框图或流图描述。

11. 系统的状态变量描述法

11.1 掌握连续系统状态方程的建立。
11.2 掌握离散系统状态方程的建立。
11.3 了解 LTI 系统状态方程的求解方法。

三、对工程教育专业认证毕业要求的支撑

在工程教育专业认证工作中,本课程教学目标可对工程教育专业认证中的以下毕业要求内涵观测点给予支撑:

毕业要求 1 工程知识:能够将数学、自然科学、工程基础和专业知识用于解决复杂工程问题。

课程可以对该要求中的"将数学、自然科学、工程基础和专业知识用于解决复杂工程问题"方面的内涵观测点提供支撑。

毕业要求 2 问题分析:能够应用数学、自然科学和工程科学的基本原理,识别、表达、并通过文献研究分析复杂工程问题,以获得有效结论。

课程可以对该要求中的"应用工程科学的基本原理,识别、表达"方面的内涵观测点提供支撑。

毕业要求3 设计/开发解决方案:能够设计针对复杂工程问题的解决方案,设计满足特定需求的系统、单元(部件)或工艺流程,并能够在设计环节中体现创新意识,考虑社会、健康、安全、法律、文化以及环境等因素。

课程可以对该要求中的“针对复杂工程问题的解决方案,设计满足特定需求的系统、单元(部件)或工艺流程”的相关内涵观测点提供支撑。

毕业要求4 研究:能够基于科学原理并采用科学方法对复杂工程问题进行研究,包括设计实验、分析与解释数据、并通过信息综合得到合理有效的结论。

课程可以对该要求中的内涵观测点提供支撑。

毕业要求5 使用现代工具:能够针对复杂工程问题,开发、选择与使用恰当的技术、资源、现代工程工具和信息技术工具,包括对复杂工程问题的预测与模拟,并能够理解其局限性。

课程可以对该要求中的“使用现代工程工具和信息技术工具”相关内涵观测点提供支撑。

其他毕业要求:不同学校或者不同专业可以在课程教学中安排其他的教学内容,例如综合设计、实验等。在这些教学内容中,也可以对毕业要求的其他内涵观测点提供支撑。

四、几点说明

(1) 先修课程:高等数学,大学物理,电路分析基础,工程数学等。

(2) 教学基本要求按知识点列出,具体授课时可以安排在不同的章节。

(3) 建议另外安排实验环节。

(4) 建议学时:64。

“信号分析与处理”课程教学基本要求

一、课程的性质和任务

本课程是非电子信息类相关专业本科生的一门重要的工程基础类课程，也可用于一些非电类专业的信号与系统教学，主要讨论信号分析、线性非时变系统分析、数字信号处理的基本理论和分析方法，以及数字滤波器设计的基本概念和设计方法。课程概念性强，知识面广，课程内容支撑前沿技术，具有基础性、综合性和跨学科的特色。

通过学习此课程，学生可以掌握信号分析和处理的基本原理与方法，提高理论联系实际、分析解决复杂工程问题的能力，为进一步学习信号处理、自动控制、电气工程等专业的相关课程奠定良好基础。

本课程主要任务是基于相关的数学和物理概念，研究信号分析与处理的基本原理与方法，并通过实例分析介绍其在工程实际中的应用。通过这门课程，可以培养学生将数学、物理等多门基础课程的科学知识与工程应用结合，进行建模、解模、分析等工作，为解决相关领域复杂工程问题奠定良好基础。

二、课程的基本内容与要求

1. 信号与系统的基本概念

1.1 掌握信号的基本描述方法、分类及其基本运算。
1.2 掌握常见信号的定义及其特性。
1.3 掌握系统的基本概念和描述方法。
1.4 掌握线性非时变（LTI）系统的概念。

2. 连续时间系统的时域分析

2.1 掌握连续时间系统数学模型的建立方法。
2.2 掌握系统的冲激响应的概念及其求解方法。
2.3 掌握信号卷积积分的概念及其性质。
2.4 了解系统零输入响应和零状态响应的概念及其求解方法。

3. 连续时间信号的频域分析

3.1 掌握周期信号的傅里叶级数展开。

3.2 掌握非周期信号的傅里叶变换及其基本性质。
3.3 掌握信号频谱的概念及其特性。
3.4 掌握常见信号的频谱。

4. 连续时间系统的频域分析

4.1 掌握连续 LTI 系统响应的频域分析方法。
4.2 掌握系统的频率响应的概念及其求解方法。
4.3 掌握理想低通滤波器特性,了解系统延时、失真、因果等概念。
4.4 掌握线性非时变系统的不失真传输条件。

5. 离散时间系统时域分析

5.1 掌握离散时间系统的差分方程描述,以及系统框图或流图描述。
5.2 掌握连续信号的抽样模型与抽样定理。
5.3 掌握离散系统的单位样值响应。
5.4 掌握卷积和的概念及计算。
5.5 了解离散 LTI 系统响应的求解方法。

6. 离散时间信号的复频域分析

6.1 掌握单边 z 变换的定义。
6.2 掌握单边 z 变换的基本性质。
6.3 掌握常见信号的单边 z 变换。
6.4 掌握 z 反变换的计算方法(部分分式法)。

7. 离散时间系统的复频域分析

7.1 掌握离散 LTI 系统的 z 变换分析方法。
7.2 掌握系统函数的概念及其求解方法。
7.3 掌握离散 LTI 系统的 z 域框图或流图描述。
7.4 了解离散 LTI 系统零极点的概念及其应用。
7.5 了解离散 LTI 系统的稳定性概念及其分析方法。

8. 离散傅里叶变换及其快速算法

8.1 理解离散傅里叶级数(DFS)。
8.2 掌握离散时间傅里叶变换(DTFT)。
8.3 掌握离散时间系统的频率响应。
8.4 掌握离散傅里叶变换(DFT)及其性质。

8.5　了解 DFT 与 DTFT 之间关系。

8.6　理解快速傅里叶变换(FFT)基本算法原理。

9. 数字滤波器

9.1　理解数字滤波器的基本概念和设计指标。

9.2　了解无限脉冲响应(IIR)数字滤波器的基本设计方法。

9.3　了解有限脉冲响应(FIR)数字滤波器的基本设计方法。

三、对工程教育专业认证毕业要求的支撑

在工程教育专业认证工作中,本课程教学目标可对工程教育专业认证中的以下毕业要求内涵观测点给予支撑:

毕业要求 1　工程知识:能够将数学、自然科学、工程基础和专业知识用于解决复杂工程问题。

课程可以对该要求中的“将数学、自然科学、工程基础和专业知识用于解决复杂工程问题”方面的内涵观测点提供支撑。

毕业要求 2　问题分析:能够应用数学、自然科学和工程科学的基本原理,识别、表达、并通过文献研究分析复杂工程问题,以获得有效结论。

课程可以对该要求中的“应用工程科学的基本原理,识别、表达”方面的内涵观测点提供支撑。

毕业要求 3　设计/开发解决方案:能够设计针对复杂工程问题的解决方案,设计满足特定需求的系统、单元(部件)或工艺流程,并能够在设计环节中体现创新意识,考虑社会、健康、安全、法律、文化以及环境等因素。

课程可以对该要求中的“针对复杂工程问题的解决方案,设计满足特定需求的系统、单元(部件)或工艺流程”的相关内涵观测点提供支撑。

毕业要求 4　研究:能够基于科学原理并采用科学方法对复杂工程问题进行研究,包括设计实验、分析与解释数据、并通过信息综合得到合理有效的结论。

课程可以对该要求中内涵观测点提供支撑。

毕业要求 5　使用现代工具:能够针对复杂工程问题,开发、选择与使用恰当的技术、资源、现代工程工具和信息技术工具,包括对复杂工程问题的预测与模拟,并能够理解其局限性。

课程可以对该要求中的“使用现代工程工具和信息技术工具”相关内涵观测点提供支撑。

其他毕业要求:不同学校或者不同专业可以在课程教学中安排其他的教学内容,例如综合设计、实验等。在这些教学内容中,也可以对毕业要求的其他内

涵观测点提供支撑。

四、几点说明

(1) 先修课程:高等数学,大学物理,电路理论基础、工程数学等。

(2) 教学基本要求按知识点列出,具体授课时可以安排在不同的章节。

(3) 建议另外安排实验环节。

(4) 建议学时:48。

“电磁场”课程教学基本要求

一、课程的性质和任务

“电磁场”课程是高等学校电气类本科专业学生必修的一门重要的工程基础类课程，也是以信息化和智能化为主要特征的新工科专业的核心课程之一，它所涉及的内容是合格的电气类本科学生知识结构的必要组成部分。

电气类本科专业许多主要课程的核心内容都是宏观电磁现象及其规律在特定范围和特定条件下的具体表现。同时，本门课程涉及的电磁场理论也是一些交叉学科和新兴边缘学科发展的重要基础。

课程基于场的观点培养学生对电气和信息工程领域中的电磁现象和过程定性分析与判断的初步能力，以及对典型工程电磁场问题定量分析的基本技能；培养学生对实际应用问题进行建模、分析和求解的能力；遵循以建立物理概念为基础，数学建模和分析为主线索，力求加强工程分析观点的教学思想，循序渐进地引导学生掌握电磁场的基本原理、分析与计算的基本方法，以培养学生严谨的思维能力；为学生在本专业和行业相关领域解决复杂工程问题奠定基础；培育学生创新意识，强化学生工程伦理教育，激发学生科技报国的家国情怀和使命担当。

本课程的主要任务是：在大学物理（电磁学）的基础上，深入认识宏观电磁场的基本规律，并据此学习求解典型类别电磁问题的方法，加强分析复杂电磁问题的能力。同时，通过课程学习电磁理论的建立以及电磁问题的分析与应用，在思想与方法方面，培养学生的科学思维和创新意识，在知识学习方面，为学生后续有关专业课程学习奠定必要的专业基础。

二、课程的基本内容与要求

1. 理论教学部分

1.1　认识电磁规律

（1）标量场与矢量场的分析方法

① 了解电场和磁场的物质属性与矢量特征。

② 了解标量场与矢量场；标量场的等位面（线）表示法与矢量场的矢量线表示法。

③ 掌握标量场的分析方法——等值面（线）、方向导数与梯度。

④ 掌握矢量场的定性分类与定量分析方法——通量与环量;散度与旋度。

(2) 电磁基本规律

① 理解电磁场的激励源——电荷与电流;理解电荷守恒与电流连续。

② 掌握线性问题的叠加原理及其应用。

③ 理解点源和分布源的概念以及各种典型分布源形式的数学表达。

④ 认识分析电磁场因果变化规律的思想与方法。

⑤ 理解真空中的电磁实验定律——库仑定律、安培定律、法拉第电磁感应定律。

⑥ 了解媒质的电磁效应与电磁特性——电介质的极化、磁介质的磁化、导电媒质的传导以及本构方程。

⑦ 理解基于真空中电磁实验定律建立媒质空间电磁规律的等效思想与方法。

⑧ 掌握任意媒质空间的一般性电磁因果律——麦克斯韦方程与边界条件。

⑨ 认识电磁能量,理解并掌握电磁能量守恒定理—坡印廷定理。

1.2 求解电磁问题

(1) 静电场

① 理解静态电磁场问题的分类——静电场、恒定电场、恒定磁场。

② 了解静电场的特征和特点,掌握静电场的基本方程和边界条件。

③ 熟练应用高斯定理求解典型一维静电场问题。

④ 理解电位引入的目的和作用,掌握电位求解静电场问题的方法。

⑤ 能够熟练列写静电场边值问题,了解静态场边值问题的求解方法。

⑥ 了解分离变量法求解静电场问题的思想。

⑦ 理解唯一性定理及其作用。

⑧ 能够运用镜像法求解一些典型的静电场问题。

⑨ 了解电容和部分电容的概念,掌握典型电容器的电容计算方法及电场能量计算。

⑩ 了解计算电场力的虚位移法和法拉第力管法。

(2) 恒定电场

① 了解恒定电场的特点,掌握恒定电场的基本方程和边界条件。

② 了解欧姆定律的微分形式;了解焦耳定律的微分形式,掌握电阻功率损耗计算。

③ 理解静电比拟的概念和方法。

④ 掌握电导(电阻)的计算。

⑤ 了解接地电阻与跨步电压的概念。

(3) 恒定磁场

① 掌握恒定磁场的基本方程和边界条件。

② 理解磁通连续性原理;了解磁偶极子的概念。

③ 熟练应用安培环路定理求解典型一维恒定磁场问题。

④ 理解标量磁位与矢量磁位引入的目的和作用。

⑤ 了解通过位函数求解恒定磁场问题的方法。

⑥ 掌握典型恒定磁场问题求解的镜像法。

⑦ 掌握自感和互感的概念,掌握典型回路的自感、互感及磁场能量计算。

⑧ 了解计算磁场力的虚位移法和法拉第力管法。

(4) 时变电磁场

① 了解时变电磁问题分析求解的思想和方法。

② 理解波动方程。

③ 认识电磁波并了解电磁波的分类。

④ 理解时变电磁场动态标量位和动态矢量位引入的目的和作用。

(5) 时谐电磁场

① 掌握时谐问题的复数表示法。

② 掌握时谐电磁场麦克斯韦方程的复数形式。

③ 掌握波动方程的复数形式。

④ 能够计算瞬时和平均时谐电磁能量。

⑤ 了解复介电常数。

⑥ 了解导电媒质中涡流及其损耗。

⑦ 了解电磁屏蔽的原理。

⑧ 理解趋肤效应和趋肤深度的概念。

⑨ 理解似稳电场(电准静态场)的概念和分析方法。

⑩ 理解似稳磁场(磁准静态场)的概念和分析方法。

⑪ 掌握无限大单一理想介质和导电媒质中均匀平面电磁波的求解及其传播特性。

⑫ 了解色散现象。

⑬ 了解电磁波的极化概念。

⑭ 理解两种平面分层介质分界面上电磁波入射、反射和折射的关系及其特性。

⑮ 能够计算和分析垂直入射均匀平面波的电磁问题。

⑯ 了解波导和谐振腔的工作原理。

⑰ 了解电偶极子的辐射特性。

2. 实验与实践教学部分

应安排 2~3 项课程实验

三、对工程教育专业认证毕业要求的支撑

在工程教育专业认证工作中,本课程教学目标可以对工程教育专业认证的以下毕业要求内涵观测点给予支撑:

毕业要求 1　工程知识:能够将数学、自然科学、工程基础和专业知识用于解决复杂工程问题。

课程可以对该要求中的“能够将工程基础和专业知识用于解决复杂工程问题”内涵观测点提供支撑。

毕业要求 2　问题分析:能够应用数学、自然科学和工程科学的基本原理,识别、表达、并通过文献研究分析复杂工程问题,以获得有效结论。

课程可以对该要求中的“应用工程科学的基本原理,识别、表达、并通过文献研究分析复杂工程问题,以获得有效结论”内涵观测点提供支撑。

毕业要求 3　研究:能够基于科学原理并采用科学方法对复杂工程问题进行研究,包括设计实验、分析与解释数据、并通过信息综合得到合理有效的结论。

课程可以对该要求中的“能够基于科学原理并采用科学方法对复杂工程问题进行研究”内涵观测点提供支撑。

毕业要求 4　使用现代工具:能够针对复杂工程问题,开发、选择与使用恰当的技术、资源、现代工程工具和信息技术工具,包括对复杂工程问题的预测与模拟,并能够理解其局限性。

课程可以对该要求中的“能够针对复杂工程问题,使用恰当的技术、资源、现代工程工具和信息技术工具”内涵观测点提供支撑。

四、几点说明

(1) 本课程的必要先修课程是高等数学、工程数学和大学物理。建议先修场论和数学物理方法课程更为适合。

(2) 本课程各教学环节的学时及其分配比例不作统一规定。

(3) 结合当前我国提出、推动和大力发展新工科教育的大趋势,并围绕新工科教育的主要特征和工程认证的要求,即激发、培养和发展学生以“大工程观”为方向的原始创新、实践应用、通识与专业知识融汇、跨界整合等方面的能力,本课程教学基本要求补充或重新调整了源于课程内容,又高于课程内容的针对科学思维能力培养的教学要求,分别体现于要求 1.1(2) 的第②、④、⑦点,要求 1.2(1) 的第④、⑥点,要求 1.2(3) 的第④点,以及要求 1.2(4) 的第①、④;还针对实践应用能力培养,强调了课程实验要求。

“电磁场与电磁波”课程教学基本要求

一、课程的性质和任务

“电磁场与电磁波”课程是电子信息类本科各专业学生必修的一门重要的工程基础类课程,也是以信息化和智能化为主要特征的新工科专业的核心课程之一,它所涉及的内容是电子信息类本科学生知识结构的必要组成部分。电子信息类本科各专业许多主要课程的核心内容都是宏观电磁现象及其规律在特定范围和特定条件下的具体表现。同时,本门课程涉及的电磁场理论也是一些交叉学科和新兴边缘学科发展的重要基础。

课程学习的作用是针对电子信息技术领域中的工程与应用问题,以建立识别、判断与定性分析电磁现象和物理过程的初步能力,并形成定量分析典型电磁问题的基本技能为目标,培养学生对实际应用问题进行建模、分析和求解的能力。课程教学以建立对物理概念的正确认识为基础,形成数学建模与分析能力为主线,循序渐进地引导学生认识电磁场的基本规律,掌握电磁场与电磁波分析的基本原理和计算的基本方法,培养学生逐步形成合理的科学思维与严谨的思辨能力,启发学生创新意识,为学生后续专业课程的学习奠定必要的专业基础,也为学生分析解决本专业和行业相关领域的复杂工程问题奠定基础。

本课程的主要任务是在高等数学与大学物理(电磁学)课程学习的基础上,深入认识宏观电磁场问题的基本规律,掌握分析典型电磁问题的基本方法,建立求解复杂电磁问题的能力基础。同时,通过课程学习促进工程伦理教育方面的素质素养提高,激发学生科技报国的家国情怀和使命担当。

二、课程的基本内容与要求

1. 理论教学部分

1.1　建立物理量与场的基础分析能力

(1) 物理量与场的总体认识

① 了解物理量的类别:标量、矢量与张量。

② 了解标量与矢量形成的标量场与矢量场。

③ 了解场的一般性类别:静态场、时变场,以及矢量的发散场与涡旋场。

④ 标量场与矢量场的形象化表示方法:了解标量场分布的等值面(线)的表

示方法以及矢量的有向线段与矢量场分布的矢量线表示方法。

(2) 标量场的分析方法

① 标量场的方向导数:认识通过方向导数的运算分析标量场变化的方法。

② 标量场的梯度:认识梯度与方向导数的关系,掌握标量场分布变化的梯度分析方法;了解哈密顿算符的矢量微分特征。

(3) 矢量场的分析方法

① 矢量场的通量与散度:认识通过通量计算反映矢量场发散分布的思想,掌握矢量场发散变化的散度分析方法,以及散度分析所反映的物理因果关系内涵;掌握散度定理。

② 矢量场的环流与旋度:认识通过环流计算反映矢量场涡旋分布的思想,掌握矢量场涡旋变化的旋度分析方法,以及旋度分析所反映的物理因果关系内涵;掌握 Stokes 定理。

③ 掌握梯度、散度和旋度混合运算满足的恒等关系:发散场无旋、涡旋场无散。

④ 矢量场的特征分类:了解无旋场、无散场、无旋无散场和有散有旋场的特征,并掌握各种特征类别矢量场的一般数学表示方法;了解亥姆霍兹定理反映矢量场因果关系的一般性数学表达与物理内涵。

(4) 物理场分析的数学基础

① 掌握矢量代数。

② 泰勒级数展开:掌握一元函数的泰勒级数展开;了解二元函数的泰勒级数展开。

③ 掌握复合函数和隐函数的求导。

④ 正交坐标系:掌握利用直角坐标、圆柱坐标和球坐标系,表示并分析物理量与场的方法。

⑤ 矢量分析中的恒等关系:掌握矢量代数中的恒等关系式;了解矢量微分算符运算分析中的恒等关系式;了解矢量分析中的格林定理;认识与 δ 函数定义相应的恒等关系式。

1.2 完整认识电磁基本规律

(1) 电荷守恒定律

① 认识产生电磁场的源。

② 认识电荷与电流的分布形式。

③ 掌握表达电荷守恒定律的电流连续性方程。

(2) 电磁场的因果规律

① 真空中的麦克斯韦方程:认识并掌握库仑定律、安培定律、法拉第电磁感应定律以及位移电流假说和全电流定律。

② 物质空间中的麦克斯韦方程：认识物质的电磁效应，包括电介质的极化、磁介质的磁化与导电媒质的传导效应；掌握反映物质电磁效应的本构关系式和麦克斯韦方程；认识并掌握反映电磁场在突变分界面上的边界条件关系式。

(3) 电磁能量守恒的规律

① 认识能量守恒的法则。

② 掌握表示电磁能量守恒的坡印廷定理：包括电场储能、磁场储能、导电功耗和坡印廷矢量。

1.3 建立分析与解决电磁问题的理论和应用基础

(1) 电磁场的辅助位函数

① 理解电磁辅助位引入的作用与物理含义。

② 掌握辅助位函数与相应电磁场量的关系。

③ 掌握电磁辅助位满足的边界条件。

(2) 唯一性定理

① 了解电磁场的唯一性定理。

② 认识理解唯一性定理在分析求解电磁问题时所发挥的作用。

(3) 静态电磁场的分析求解与应用

① 静电场：掌握利用高斯定理分析求解一维问题的方法；掌握利用电位函数满足的泊松方程求解一维问题的方法；了解导体电容的分析求解方法，并能结合一维静电场问题的分析求解方法计算单导体和双导体电容；掌握电容器静电储能的计算方法。

② 恒定电场：理解导电媒质中恒定电场所联系的欧姆定律；能结合欧姆定律与静态电场满足的基本方程分析求解一维恒定电场问题；掌握导体电阻的计算方法；掌握计算电阻功耗的焦耳定律。

③ 恒定磁场：掌握利用安培环路定理分析求解一维恒定磁场问题的方法；理解认识导体回路的电感及其计算方法；掌握恒定磁场的储能计算及其与回路电感的关系。

④ 了解镜像法分析求解高维静态电磁场问题的思想方法；理解认识唯一性定理在镜像法应用中所发挥的理论指导性作用；掌握导体半空间中静电场问题的平面镜像计算方法；了解认识导体柱面和球面镜像的静电场问题。

⑤ 了解分离变量法分析求解高维电磁问题的思想方法，并能结合静态电磁场所满足的基本方程和边界条件，给出相应边值问题的数学表述。

(4) 时谐电磁场的分析求解与应用

① 认识时变电磁场的波动性及其满足的波动方程。

② 认识时谐电磁场相对于任意时变电磁场的代表性。

③ 认识时谐电磁场复数表示的数学作用和意义：包括仅包含空域自变量的

复矢量麦克斯韦方程、电磁波满足的亥姆霍兹方程、导电媒质的复介电常数表示、平均电磁储能、平均功耗与平均能流密度矢量的计算等。

④ 了解对电磁波分类认识的方法:包括按波前形状分类有平面波、球面波等;按电场的时变特性分类有线极化波、圆极化波、椭圆极化波等;按电磁场矢量方向相对于波方向的横纵关系分类,有TEM波、TE波和TM波等;而按频率高低或波长长短分类则有长波、中波、短波和微波等。

⑤ 掌握均匀平面波求解分析的方法:包括认识均匀平面电磁波相对于任意种类电磁波的代表性,以及其在无界无耗与导电损耗媒质中传播的场解表达与传播特性和极化特性等。

⑥ 了解电磁波应用的主要门类:包括电波传播、导行传播、电磁辐射等。

⑦ 掌握均匀平面波在单一平面分界两层媒质中传播应用的分析求解方法;认识了解电磁波的反射和透射规律,以及典型的反射和透射现象与应用。

⑧ 了解电磁波在导行传播应用中的导波结构典型类别与分析求解方法;了解导波结构中场分布的模式构成;了解同轴线与矩形波导中的主模场分布与相应传播特性。

⑨ 掌握电偶极子的辐射场分析计算方法,并认识理解其辐射特性;了解天线的主要特性参数。

2. 实验与实践教学部分

应安排3项以上课程实验:如静态场分布的认知实验,电磁波传播特性、极化特性的认知实验,天线辐射特性认知实验等。

三、对工程教育专业认证毕业要求的支撑

在工程教育专业认证工作中,本课程教学目标可以对工程教育专业认证的以下毕业要求内涵观测点给予支撑:

毕业要求1 工程知识:能够将数学、自然科学、工程基础和专业知识用于解决复杂工程问题。

课程可以对该要求中的"能够将工程基础和专业知识用于解决复杂工程问题"内涵观测点提供支撑。

毕业要求2 问题分析:能够应用数学、自然科学和工程科学的基本原理,识别、表达、并通过文献研究分析复杂工程问题,以获得有效结论。

课程可以对该要求中的"应用工程科学的基本原理,识别、表达、并通过文献研究分析复杂工程问题,以获得有效结论"内涵观测点提供支撑。

毕业要求3 设计/开发解决方案:能够设计针对复杂工程问题的解决方案,

设计满足特定需求的系统、单元(部件)或工艺流程,并能够在设计环节中体现创新意识,考虑社会、健康、安全、法律、文化以及环境等因素。

课程可以对该要求中的“能够设计针对复杂工程问题的解决方案,设计满足特定需求的系统、单元(部件)”内涵观测点提供支撑。

毕业要求 4 研究:能够基于科学原理并采用科学方法对复杂工程问题进行研究,包括设计实验、分析与解释数据、并通过信息综合得到合理有效的结论。

课程可以对该要求中的“能够基于科学原理并采用科学方法对复杂工程问题进行研究”内涵观测点提供支撑。

毕业要求 5 使用现代工具:能够针对复杂工程问题,开发、选择与使用恰当的技术、资源、现代工程工具和信息技术工具,包括对复杂工程问题的预测与模拟,并能够理解其局限性。

课程可以对该要求中的“能够针对复杂工程问题,使用恰当的技术、资源、现代工程工具和信息技术工具”内涵观测点提供支撑。

四、几点说明

(1) 结合当前我国大力推动新工科教育的建设发展要求与课程思政要求,本课程教学基本要求补充了针对创新意识启发和思辨能力培养的教学要求。

(2) 增加了课程对工程教育专业认证毕业要求的支撑点具体内容。

(3) 加强了课程实验实践环节的教学要求。

(4) 细化并明确了对课程知识重点的教学要求。

(5) 实施该基本要求的课程学时,宜不少于 48 学时。

“电子线路（Ⅰ）”课程教学基本要求

一、课程的性质和任务

“电子线路（Ⅰ）”课程是电子信息类专业的工程基础类课程。“电子线路”课程强调理论联系实际，注重培养学生解决实际问题的能力和工程实践能力。

通过对常用电子器件、模拟电路及其系统的分析和设计的学习，学生可以系统地掌握电子线路的基本原理、基本概念和各种功能单元电路的工作原理和分析设计方法，为电子信息系统的工程实现和后续课程学习打下必备的基础。

二、课程的基本内容与要求

1. 理论教学部分

1.1　半导体器件的工作原理和基本特性

(1) 了解半导体的导电机理、PN 结及其特性，掌握晶体二极管、双极型晶体管和场效应晶体管的工作原理、特性和参数。

(2) 掌握晶体二极管、双极型晶体管和场效应晶体管的大信号和小信号模型。了解模型参数的含义。

(3) 了解半导体器件的制造工艺。

1.2　放大器

(1) 掌握双极型晶体管和 MOS 场效应晶体管组成的三种基本组态放大器的电路组成、工作原理、静态和动态分析方法以及主要的性能特点。

(2) 掌握图解分析法和等效电路分析法。

(3) 掌握差分放大电路的电路组成、工作原理、大信号和小信号的分析方法及性能特点。

(4) 掌握放大器的增益、输入输出阻抗、频率响应的概念和基本分析方法。

(5) 掌握多级放大器的工作原理和分析方法。

(6) 掌握使用 SPICE 等电路仿真工具分析，设计放大器的基本方法。了解电子器件的 SPICE 模型的概念及获得模型参数的途径。

1.3　负反馈放大器

(1) 掌握负反馈的概念。掌握四种基本类型的负反馈放大器的电路结构、工作原理、基本分析方法。

(2) 掌握负反馈对放大电路性能的影响及深度负反馈放大器的工程估算方法。

(3) 了解负反馈放大电路的稳定性和相位补偿方法。

1.4 集成运算放大器

(1) 掌握集成运放的组成和基本特点。了解集成运放的主要性能指标。

(2) 掌握集成运放中常用的镜像电流源、有源负载放大器、互补输出电路、直接耦合多级放大器等基本单元电路的结构、工作原理和分析方法。

(3) 了解典型的双极型和MOS型运算放大器的内部电路结构和工作原理。

(4) 掌握理想运放典型应用电路的结构、工作原理和分析方法,包括:运算电路、波形发生器、电压比较器、有源滤波器等。

1.5 功率放大器

(1) 了解功率放大器的功能和性能指标。了解影响功放电路效率的主要因素。掌握A、B类功率放大器的电路组成、工作原理、分析方法和性能特点。

(2) 了解D类功率放大电路的特点。

1.6 电源变换电路

(1) 掌握整流、滤波、稳压电路的原理、性能指标和设计方法。

(2) 了解开关稳压器的工作原理和其提高效率的原因。了解集成开关稳压电源电路的原理和使用方法。

(3) 了解稳流电路的工作原理。

2. 实验教学部分

2.1 能力要求

(1) 了解示波器、电子电压表、晶体管特性图示仪、信号发生器、频率计和扫频仪等常用电子仪器的基本工作原理;掌握正确使用方法。

(2) 掌握电子线路的基本测试技术,包括电子元器件参数、放大电路静态和动态参数、信号的周期和频率、信号的幅度和功率等主要参数的测试。

(3) 能够正确记录和处理实验数据,进行误差分析,并写出符合要求的实验报告。

(4) 能够通过手册和互联网查询电子器件性能参数和应用资料,能够正确选用常用集成电路和其他电子元器件。

(5) 掌握基本实验电路的装配、调试和故障排除方法。

(6) 掌握采用SPICE等电路仿真工具分析,设计电子电路的基本方法。

2.2 参考实验内容

(1) 基本实验:常用电子仪器使用方法,基本放大电路、反馈放大电路、基本运算电路和波形发生电路、音频功率放大器等设计、实现与测试。

(2) 综合性实验。

三、对工程教育专业认证毕业要求的支撑

在工程教育专业认证工作中,本课程教学目标可以对工程教育专业认证的以下毕业要求内涵观测点给予支撑:

毕业要求 1 工程知识:能够将数学、自然科学、工程基础和专业知识用于解决复杂工程问题。

课程可以对该要求中的“能够将工程基础和专业知识用于解决复杂工程问题”内涵观测点提供支撑。

毕业要求 2 问题分析:能够应用数学、自然科学和工程科学的基本原理,识别、表达、并通过文献研究分析复杂工程问题,以获得有效结论。

课程可以对该要求中的“应用工程科学的基本原理,识别、表达、并通过文献研究分析复杂工程问题,以获得有效结论”内涵观测点提供支撑。

毕业要求 3 设计/开发解决方案:能够设计针对复杂工程问题的解决方案,设计满足特定需求的系统、单元(部件)或工艺流程,并能够在设计环节中体现创新意识,考虑社会、健康、安全、法律、文化以及环境等因素。

课程可以对该要求中的“针对复杂工程问题的解决方案,设计满足特定需求的系统、单元(部件)或工艺流程”内涵观测点提供支撑。

毕业要求 4 研究:能够基于科学原理并采用科学方法对复杂工程问题进行研究,包括设计实验、分析与解释数据、并通过信息综合得到合理有效的结论。

课程可以对该要求中的“设计实验、分析与解释数据、并通过信息综合得到合理有效的结论”内涵观测点提供支撑。

毕业要求 5 使用现代工具:能够针对复杂工程问题,开发、选择与使用恰当的技术、资源、现代工程工具和信息技术工具,包括对复杂工程问题的预测与模拟,并能够理解其局限性。

课程可以对该要求中的“选择与使用恰当的现代工程工具和信息技术工具”内涵观测点提供支撑。

四、几点说明

(1) 先修课程:高等数学、大学物理、电路分析基础。

(2) 课程设计:建议有条件的学校开设电子线路课程设计,完成电子系统设计、仿真、安装和调试。

(3) 建议学时:64(不含实验)。

“电子线路(Ⅱ)”课程教学基本要求

一、课程的性质和任务

“电子线路(Ⅱ)”课程是电子信息类专业的工程基础类课程。“电子线路”课程强调理论联系实际,注重培养学生解决实际问题的能力和工程实践能力。

通过对常用电子器件、模拟电路及其系统的分析和设计的学习,学生可以掌握电子线路的基本原理和基本概念,各种功能单元电路的工作原理和分析设计方法,为电子信息系统的工程实现和后续课程学习打下必备的基础。

二、课程的基本内容与要求

1. 理论教学部分

1.1　选频回路与阻抗匹配网络

(1) 了解滤波器的种类及其在电路中的作用。掌握 *LC* 串、并联回路的组成、原理和特性。

(2) 掌握几种常用的 *LC* 无源阻抗变换电路的结构、工作原理和分析设计方法。

(3) 了解常用的集中选频滤波器的特点和使用方法。

1.2　电子电路的噪声性能和低噪声放大器

(1) 了解电子电路中噪声的来源和影响因素。掌握电阻热噪声的有关计算。

(2) 掌握噪声系数的定义和计算方法。了解噪声温度的概念。

(3) 了解低噪声放大器的作用、性能特点和实现电路。理解接收机的噪声指标的含义和灵敏度的概念。

(4) 掌握小信号调谐放大器的电路、工作原理和分析方法。了解自动增益控制电路的概念和实现方法。

1.3　非线性状态下电子电路的分析方法和模拟乘法器

(1) 了解非线性元器件和非线性电路的特点。掌握针对具体问题的非线性器件的分析方法。

(2) 了解模拟乘法器的作用。掌握模拟乘法器的电路组成、工作原理、分析方法和性能特点。掌握模拟乘法器在频率变换电路中的作用。

1.4 正弦波振荡器

(1)掌握反馈式正弦波振荡器的基本工作原理。

(2)掌握 *LC* 振荡器、晶体振荡器的电路组成、工作原理和性能特点。

(3)了解频率稳定度的概念和影响频稳度的因素。掌握改善频率稳定度的措施。

(4)了解负阻振荡原理。

1.5 调制解调原理与电路

(1)了解调制的作用。掌握调幅信号和调角信号的定义、表达式、波形、频谱等基本特征。

(2)掌握典型的幅度调制与解调电路的结构、工作原理、分析方法和性能特点。

(3)掌握典型的角度调制与解调电路的结构、工作原理、分析方法和性能特点。

(4)了解数字调制的基本概念和典型的调制解调方式及其实现电路。

1.6 混频器与非线性失真

(1)了解超外差接收机的工作原理和特点。

(2)掌握典型混频器的电路组成、工作原理和性能特点。

(3)了解变频干扰的来源和抑制方法。

1.7 锁相技术与频率合成器

(1)掌握锁相环路的系统组成、电路模型、环路方程和工作原理。掌握环路跟踪特性的分析方法和结论。了解环路捕捉过程。

(2)了解集成锁相环路的电路原理及其应用。

(3)掌握频率合成器的概念、电路组成、工作原理和性能指标。

(4)掌握 DDS 频率合成器的工作原理和性能特点。

1.8 射频功率放大器

(1)了解射频功率放大器的功能和性能指标。

(2)掌握 C 类谐振功率放大器的工作原理、分析方法、电路构成和使用方法。

(3)了解传输线变压器的工作原理和应用特点。掌握用传输线变压器实现宽带阻抗变换的方法。了解用传输线变压器实现功率合成、功率分配的方法。

(4)了解 E 类功率放大电路的特点。

2. 实验教学部分

2.1 能力要求

(1)了解示波器、电子电压表、晶体管特性图示仪、信号发生器、频率计和扫频仪、频谱仪等常用电子仪器的基本工作原理;掌握正确使用方法。

(2) 掌握电子线路的基本测试技术,包括电子元器件参数、放大电路静态和动态参数、信号的周期和频率、信号的幅度和功率等主要参数的测试。

(3) 能够正确记录和处理实验数据,进行误差分析,并写出符合要求的实验报告。

(4) 能够通过手册和互联网查询电子器件性能参数和应用资料,能够正确选用常用集成电路和其他电子元器件。

(5) 掌握基本实验电路的装配、调试和故障排除方法。

(6) 掌握用 SPICE 等电路仿真工具分析,设计电子电路的基本方法。

2.2 参考实验内容

(1) 基本实验:小信号调谐放大器、C 类功率放大器、正弦波振荡器、调幅与解调电路、调频与解调电路、锁相频率合成器、自动增益控制放大器等设计、实现与测试。

(2) 综合性实验。

三、对工程教育专业认证毕业要求的支撑

在工程教育专业认证工作中,本课程教学目标可以对工程教育专业认证的以下毕业要求内涵观测点给予支撑:

毕业要求 1 工程知识:能够将数学、自然科学、工程基础和专业知识用于解决复杂工程问题。

课程可以对该要求中的"能够将工程基础和专业知识用于解决复杂工程问题"内涵观测点提供支撑。

毕业要求 2 问题分析:能够应用数学、自然科学和工程科学的基本原理,识别、表达、并通过文献研究分析复杂工程问题,以获得有效结论。

课程可以对该要求中的"应用工程科学的基本原理,识别、表达、并通过文献研究分析复杂工程问题,以获得有效结论"内涵观测点提供支撑。

毕业要求 3 设计/开发解决方案:能够设计针对复杂工程问题的解决方案,设计满足特定需求的系统、单元(部件)或工艺流程,并能够在设计环节中体现创新意识,考虑社会、健康、安全、法律、文化以及环境等因素。

课程可以对该要求中的"针对复杂工程问题的解决方案,设计满足特定需求的系统、单元(部件)或工艺流程"内涵观测点提供支撑。

毕业要求 4 研究:能够基于科学原理并采用科学方法对复杂工程问题进行研究,包括设计实验、分析与解释数据、并通过信息综合得到合理有效的结论。

课程可以对该要求中的"设计实验、分析与解释数据、并通过信息综合得到合理有效的结论"内涵观测点提供支撑。

毕业要求 5　使用现代工具:能够针对复杂工程问题,开发、选择与使用恰当的技术、资源、现代工程工具和信息技术工具,包括对复杂工程问题的预测与模拟,并能够理解其局限性。

课程可以对该要求中的“选择与使用恰当的现代工程工具和信息技术工具”内涵观测点提供支撑。

四、几点说明

(1) 先修课程:高等数学、大学物理、电路分析基础、电子线路(Ⅰ)。

(2) 课程设计: 建议有条件的学校开设电子线路课程设计,完成电子系统设计、仿真、安装和调试。

(3) 建议学时:64(不含实验)。

“数字电路与逻辑设计”课程教学基本要求

一、课程的性质和任务

本课程是电子信息类专业的工程基础类课程，具有很强的工程性和实践性。

通过对常用数字器件、数字电路及其应用系统的工作原理的学习，使学生获得数字电路与逻辑设计方面的基本知识、基本理论和基本技能，使学生掌握数字电路的基本分析方法和逻辑设计方法。

二、课程的基本内容与要求

1. 理论教学部分

1.1　数字电路基本概念

(1) 了解 CMOS 管的开关过程及相关参数。

(2) 了解 CMOS 门电路的组成和工作原理。

(3) 了解典型 CMOS 门电路的逻辑功能、特性、主要参数和使用方法。

1.2　数制与编码

(1) 掌握常用数制及其转换。

(2) 掌握常用编码。

1.3　逻辑代数

(1) 掌握逻辑代数中的基本定律和定理。

(2) 掌握逻辑关系的描述方法及其相互转换。

(3) 掌握逻辑函数的化简方法。

1.4　组合逻辑电路

(1) 掌握组合逻辑电路的分析和设计方法。

(2) 了解用硬件描述语言实现常用组合逻辑电路的方法。

(3) 了解组合电路的竞争冒险现象及其消除方法。

1.5　触发器

(1) 掌握触发器逻辑功能及其描述方法。

(2) 了解触发器电路特性及其应用。

1.6　时序逻辑电路

(1) 掌握同步时序逻辑电路的分析和设计方法。

(2) 了解异步时序逻辑电路的分析方法。

(3) 了解有限状态机的概念。

(4) 了解用硬件描述语言实现时序逻辑电路方法。

1.7 半导体存储器

(1) 理解 ROM、RAM 的电路结构、工作原理。

(2) 了解 Flash 存储器技术和电路。

1.8 可编程逻辑器件

(1) 了解可编程逻辑器件的基本特征及编程原理。

(2) 了解 CPLD、FPGA 等可编程逻辑器件的特点、电路结构及应用。

1.9 D/A 和 A/D 电路

(1) 了解 D/A、A/D 转换器的功能及主要参数。

(2) 了解常见的 D/A 和 A/D 转换器的电路组成、工作原理、特点及应用。

1.10 EDA 工具应用

(1) 了解一种硬件描述语言。

(2) 了解一套 EDA 软件的使用方法。

2. 实验教学部分

数字电路与逻辑设计实验是“数字电路与逻辑设计”课程的实践性教学环节。其任务是:使学生初步具备数字电路的设计与调试技能,并能使用常用电子仪器进行调整和测试。

2.1 能力要求

(1) 能够正确使用常用电子仪器,如示波器、信号发生器、万用表、稳压电源等。

(2) 能够查阅电子器件手册。

(3) 掌握数字电子电路的基本测试技术,数字电路逻辑功能的测试方法。

(4) 掌握使用可编程逻辑器件设计简单数字逻辑系统的方法。

(5) 初步学会一种 EDA 工具,对数字电路进行仿真、分析和设计,并能够实现数字系统。

(6) 能够正确处理实验数据,并写出符合要求的实验报告。

2.2 参考实验内容

(1) 基本实验:组合逻辑电路、时序逻辑电路、脉冲电路等。

(2) 可编程逻辑器件的综合性实验。

三、对工程教育专业认证毕业要求的支撑

在工程教育专业认证工作中,本课程教学目标可以对工程教育专业认证的

以下毕业要求内涵观测点给予支撑:

毕业要求 1　工程知识:能够将数学、自然科学、工程基础和专业知识用于解决复杂工程问题。

课程可以对该要求中的“能够将工程基础和专业知识用于解决复杂工程问题”内涵观测点提供支撑。

毕业要求 2　问题分析:能够应用数学、自然科学和工程科学的基本原理,识别、表达、并通过文献研究分析复杂工程问题,以获得有效结论。

课程可以对该要求中的“应用工程科学的基本原理,识别、表达、并通过文献研究分析复杂工程问题,以获得有效结论”内涵观测点提供支撑。

毕业要求 3　设计/开发解决方案:能够设计针对复杂工程问题的解决方案,设计满足特定需求的系统、单元(部件)或工艺流程,并能够在设计环节中体现创新意识,考虑社会、健康、安全、法律、文化以及环境等因素。

课程可以对该要求中的“针对复杂工程问题的解决方案,设计满足特定需求的系统、单元(部件)或工艺流程”内涵观测点提供支撑。

毕业要求 4　研究:能够基于科学原理并采用科学方法对复杂工程问题进行研究,包括设计实验、分析与解释数据、并通过信息综合得到合理有效的结论。

课程可以对该要求中的“设计实验、分析与解释数据、并通过信息综合得到合理有效的结论”内涵观测点提供支撑。

毕业要求 5　使用现代工具:能够针对复杂工程问题,开发、选择与使用恰当的技术、资源、现代工程工具和信息技术工具,包括对复杂工程问题的预测与模拟,并能够理解其局限性。

课程可以对该要求中的“选择与使用恰当的现代工程工具和信息技术工具”内涵观测点提供支撑。

四、几点说明

(1) 先修课程:高等数学,大学物理。

(2) 课程设计:建议有条件的学校以集中实践的方式开设数字电路与逻辑设计课程设计,完成数字系统的分析、设计、仿真和验证。

(3) 建议学时:56(不含实验)。

“模拟电子技术基础”课程教学基本要求

一、课程的性质和任务

“模拟电子技术基础”课程是电气类、自动化类、电子信息类专业的工程基础类课程，具有很强的工程性和实践性。

通过对常用电子器件、模拟电路及其系统的分析和设计的学习，学生可以获得模拟电子技术方面的基本知识、基本理论和基本技能，提高分析解决复杂工程问题的能力，为深入学习电子信息技术及其在专业中的应用打好基础。

二、课程的基本内容与要求

1. 理论教学部分

1.1　常用半导体器件

(1) 了解本征半导体、杂质半导体和 PN 结的形成。

(2) 理解普通二极管、稳压二极管、双极型晶体管和场效应晶体管的工作原理，掌握它们的特性、模型和主要参数。

(3) 掌握二极管应用电路（整流电路、限幅电路等），了解特殊用途的二极管（发光二极管、光电二极管等）。

1.2　基本放大电路

(1) 理解晶体管和场效应晶体管基本放大电路的组成、工作原理及性能特点。

(2) 掌握放大电路静态工作点和动态参数（$\dot{A}_u$、R_i、R_o、U_{om}）的分析方法。

1.3　多级放大电路

(1) 了解直接耦合、阻容耦合、变压器耦合和光电耦合的基本原理及特点。

(2) 掌握多级放大电路动态参数的分析方法。

1.4　集成运算放大电路

(1) 理解差分放大电路的组成和工作原理，掌握静态和动态参数的分析方法。

(2) 了解典型集成运放的组成及其各部分的特点，掌握其电压传输特性和主要参数。

1.5　放大电路的频率响应

(1) 掌握放大电路频率响应的有关概念。

(2) 理解单管放大电路频率响应的分析方法。

(3) 了解多级放大电路的频率响应。

1.6 放大电路中的反馈

(1) 掌握反馈的基本概念和反馈类型的判断方法。

(2) 掌握深度负反馈条件下放大电路的分析方法。

(3) 理解负反馈对放大电路性能的影响。

(4) 初步学会根据需要在放大电路中引入反馈的方法。

(5) 了解负反馈放大电路产生自激振荡的原因、稳定判据和消除自激振荡的方法。

1.7 正弦波振荡电路

(1) 掌握正弦波振荡电路的组成和振荡原理。

(2) 掌握 *RC* 桥式正弦波振荡电路的组成、工作原理。

(3) 了解 *LC* 正弦波振荡电路和石英晶体正弦波振荡电路的组成、工作原理和性能特点。

1.8 运算电路

(1) 掌握由集成运放组成的基本运算电路的分析方法。

(2) 了解模拟乘法器在运算电路中的应用。

(3) 了解电流-电压变换、电压-电流变换、仪用放大器等电路及其应用。

1.9 有源滤波电路

(1) 掌握典型有源滤波器的组成和特点。

(2) 掌握有源滤波器的分析方法。

1.10 电压比较器和非正弦波发生电路

(1) 掌握典型电压比较器的电路组成、工作原理和性能特点。

(2) 掌握非正弦波振荡电路的组成、工作原理、波形分析和主要参数。

(3) 了解压控振荡电路的工作原理。

1.11 功率放大电路

(1) 掌握 A、B、AB、D 等类功率放大电路及特点。

(2) 理解功率放大电路最大输出功率和转换效率的分析方法。

(3) 了解功率放大电路应用中的相关问题。

1.12 直流电源

(1) 掌握单相整流电路的工作原理和分析方法。

(2) 了解典型滤波电路的工作原理及电容滤波电路输出电压平均值的估算。

(3) 理解线性串联型稳压电路的工作原理,掌握集成稳压器的应用。

(4) 掌握开关稳压电路的工作原理。

1.13 电路仿真工具应用

(1) 了解电子器件的模型及其参数和获得模型参数的途径。

(2) 掌握一种电路仿真工具的使用方法。

2. 实验教学部分

2.1 能力要求

(1) 能够正确使用常用电子仪器,如示波器、信号发生器、万用表、交流毫伏表、稳压电源等。

(2) 掌握模拟电子电路的基本测试技术,如正弦波信号主要参数的测试,放大电路静态和动态参数的测试。

(3) 能够正确处理实验数据,进行误差分析,并写出符合要求的实验报告。

(4) 能够查阅电子器件手册和有关资料。

(5) 初步学会分析、寻找和排除实验电路中故障的方法。

(6) 掌握一种电路仿真工具的使用方法 ,对模拟电路进行仿真、分析和辅助设计,并能够实现小系统的组装和调试。

2.2 参考实验内容

(1) 基本实验:常用电子仪器使用练习、基本放大电路、反馈放大电路、基本运算电路和波形发生电路等。

(2) 综合性实验。

(3) 模拟电子电路的计算机辅助分析与设计。

三、对工程教育专业认证毕业要求的支撑

在工程教育专业认证工作中,本课程教学目标可以对工程教育专业认证的以下毕业要求内涵观测点给予支撑:

毕业要求1 工程知识:能够将数学、自然科学、工程基础和专业知识用于解决复杂工程问题。

课程可以对该要求中的"能够将工程基础和专业知识用于解决复杂工程问题"内涵观测点提供支撑。

毕业要求2 问题分析:能够应用数学、自然科学和工程科学的基本原理,识别、表达、并通过文献研究分析复杂工程问题,以获得有效结论。

课程可以对该要求中的"应用工程科学的基本原理,识别、表达、并通过文献研究分析复杂工程问题,以获得有效结论"内涵观测点提供支撑。

毕业要求3 设计/开发解决方案:能够设计针对复杂工程问题的解决方案,设计满足特定需求的系统、单元(部件)或工艺流程,并能够在设计环节中体现

创新意识,考虑社会、健康、安全、法律、文化以及环境等因素。

课程可以对该要求中的“针对复杂工程问题的解决方案,设计满足特定需求的系统、单元(部件)或工艺流程”内涵观测点提供支撑。

毕业要求4 研究:能够基于科学原理并采用科学方法对复杂工程问题进行研究,包括设计实验、分析与解释数据、并通过信息综合得到合理有效的结论。

课程可以对该要求中的“设计实验、分析与解释数据、并通过信息综合得到合理有效的结论”内涵观测点提供支撑。

毕业要求5 使用现代工具:能够针对复杂工程问题,开发、选择与使用恰当的技术、资源、现代工程工具和信息技术工具,包括对复杂工程问题的预测与模拟,并能够理解其局限性。

课程可以对该要求中的“选择与使用恰当的现代工程工具和信息技术工具”内涵观测点提供支撑。

四、几点说明

(1) 先修课程:高等数学、大学物理、电路理论基础。

(2) 课程设计:建议有条件的学校开设电子技术课程设计,完成电子系统设计、仿真、安装和调试。

(3) 建议学时:56(不含实验)。

“数字电子技术基础”课程教学基本要求

一、课程的性质和任务

“数字电子技术基础”课程是电气类、自动化类、电子信息类专业的工程基础类课程,具有很强的工程性和实践性。其作用和任务是:通过对常用电子器件、数字电路及其系统的分析和设计的学习,使学生获得数字电子技术方面的基本知识、基本理论和基本技能,提高学生分析解决复杂工程问题的能力,为深入学习电子信息技术及其在专业中的应用打好基础。

二、课程的基本内容与要求

1. 理论教学部分

1.1　数制和码制

(1) 掌握二进制数、十六进制数及其与十进制数的相互转换。

(2) 掌握 8421 编码,了解其他常用编码。

1.2　逻辑代数基础

(1) 掌握逻辑代数中的基本定律和定理。

(2) 掌握逻辑关系的描述方法及其相互转换。

(3) 掌握逻辑函数的化简方法。

1.3　门电路

(1) 了解半导体二极管、双极型晶体管和 MOS 管的开关特性。

(2) 了解 CMOS 门电路的组成和工作原理。

(3) 掌握典型 CMOS 门电路的逻辑功能、特性、主要参数和使用方法。

1.4　组合逻辑电路

(1) 掌握组合电路的特点、分析方法和设计方法。

(2) 掌握编码器、译码器、加法器、数据选择器和数值比较器等常用组合电路的逻辑功能,了解用硬件描述语言实现的方法。

(3) 了解组合电路的竞争冒险现象及其消除方法。

1.5　触发器

(1) 掌握典型锁存器、D 触发器和 JK 触发器的逻辑功能及其描述方法。

(2) 理解基本 RS 锁存器的电路结构、工作原理及动态特性。

1.6 时序逻辑电路

(1) 掌握时序电路的特点、描述方法和分析方法。

(2) 掌握计数器、寄存器等常用时序电路的工作原理、逻辑功能,了解用硬件描述语言实现的方法。

(3) 掌握同步时序电路的设计方法。

1.7 脉冲的产生和整形电路

(1) 了解脉冲信号参数的定义。

(2) 理解施密特触发器、单稳态触发器和多谐振荡器的工作原理、主要参数的分析方法及应用。

(3) 掌握555定时器的工作原理及应用。

1.8 半导体存储器

(1) 理解ROM、RAM的电路结构、工作原理。

(2) 了解用ROM实现组合逻辑函数的方法。

(3) 了解Flash存储技术和电路。

1.9 可编程逻辑器件

(1) 了解可编程逻辑器件的基本特征及编程原理。

(2) 了解PLD、FPGA的特点、电路结构及应用。

1.10 数-模转换器和模-数转换器

(1) 了解数-模、模-数转换器的功能及主要参数。

(2) 理解常见的数-模、模-数转换器的电路组成、工作原理、特点及应用。

1.11 EDA工具应用

(1) 了解一种硬件描述语言。

(2) 了解一种EDA软件的使用方法。

2. 实验教学部分

2.1 能力要求

(1) 能够正确使用常用电子仪器,如示波器、信号发生器、万用表、稳压电源等。

(2) 掌握数字电子电路的基本测试技术,数字电路逻辑功能的测试方法。

(3) 能够正确处理实验数据,并写出符合要求的实验报告。

(4) 能够查阅电子器件手册和有关资料。

(5) 初步学会分析、寻找和排除实验电路中故障的方法。

(6) 掌握一种EDA工具的使用方法,对数字电路进行仿真、分析和设计,并能够实现数字系统。

2.2 参考实验内容

(1) 基本实验:组合逻辑电路、时序逻辑电路、脉冲电路等。

(2) 综合性实验。

（3）EDA 实验。

三、对工程教育专业认证毕业要求的支撑

在工程教育专业认证工作中，本课程教学目标可以对工程教育专业认证的以下毕业要求内涵观测点给予支撑：

毕业要求 1　工程知识：能够将数学、自然科学、工程基础和专业知识用于解决复杂工程问题。

课程可以对该要求中的“能够将工程基础和专业知识用于解决复杂工程问题”内涵观测点提供支撑。

毕业要求 2　问题分析：能够应用数学、自然科学和工程科学的基本原理，识别、表达、并通过文献研究分析复杂工程问题，以获得有效结论。

课程可以对该要求中的“应用工程科学的基本原理，识别、表达、并通过文献研究分析复杂工程问题，以获得有效结论”内涵观测点提供支撑。

毕业要求 3　设计/开发解决方案：能够设计针对复杂工程问题的解决方案，设计满足特定需求的系统、单元（部件）或工艺流程，并能够在设计环节中体现创新意识，考虑社会、健康、安全、法律、文化以及环境等因素。

课程可以对该要求中的“针对复杂工程问题的解决方案，设计满足特定需求的系统、单元（部件）或工艺流程”内涵观测点提供支撑。

毕业要求 4　研究：能够基于科学原理并采用科学方法对复杂工程问题进行研究，包括设计实验、分析与解释数据、并通过信息综合得到合理有效的结论。

课程可以对该要求中的“设计实验、分析与解释数据、并通过信息综合得到合理有效的结论”内涵观测点提供支撑。

毕业要求 5　使用现代工具：能够针对复杂工程问题，开发、选择与使用恰当的技术、资源、现代工程工具和信息技术工具，包括对复杂工程问题的预测与模拟，并能够理解其局限性。

课程可以对该要求中的“选择与使用恰当的现代工程工具和信息技术工具”内涵观测点提供支撑。

四、几点说明

（1）先修课程：高等数学、大学物理、电路理论基础。

（2）课程设计：建议有条件的学校以集中实践的方式开设数字电子技术基础课程设计，完成数字电子系统设计、仿真、安装和调试。

（3）建议学时：56（不含实验）。

“电工学”课程教学基本要求

一、课程的性质和任务

“电工学”是“电气工程学”的简称，包含电气工程、信息工程和控制工程等领域的基本内容，涵盖电能利用和电信号处理这两个电气与电子工程的核心问题，是高等学校本科非电类专业重要的工程基础类课程。课程知识面广，实践性强，课程内容与时俱进，具有基础性、综合性和跨学科的特点。

本课程为非电类专业学生提供必要的电气工程、信息工程和控制工程学科的基本知识；培养学生对实际应用电路进行建模、分析和求解的能力；培养学生使用仿真工具设计和测试电路的能力；为学生在本专业和行业相关领域解决复杂工程问题奠定基础。

本课程理论与实践并重，实践环节以工程应用为导向，以巩固和深化学生理论知识为目的，培养学生解决实际工程问题的能力。

二、课程的基本内容与要求

本课程包括理论和实践两大部分，涉及电路基础、电子技术与应用、电能转换与应用、控制技术基础 4 项内容，划分出 4 个理论课程模块和 1 个实践课程模块。其中，理论部分涵盖电气、信息和自动控制的基本概念、基本构成、工作特点和主要技术要点；实践部分着重于电工电子测量、设计仿真与工程实践。

1. 电路基础（建议学时：18～32）

“电路基础”是电工学课程的基础内容。“电路基础”的教学目的是：使学生学会用数学和物理的方法科学地描述实际的电系统，理解主要电路类型、工程概念及其工作特点，掌握分析电路的方法及仿真技术；同时，为继续学习本课程“电子技术与应用”“电能转换与应用”“控制技术基础”内容做准备。

预备知识：高等数学、工程数学、大学物理

1.1 电路的基本概念与基本定律

（1）电路的基本概念

◆ 理解电路模型。理解理想电路元件（电阻、电感、电容、电压源、电流源和受控源）的电压-电流关系。理解电压、电流参考方向的意义。理解电功率和额定值的意义。

◇ 了解常用部件的结构化电路模型建立的基本方法。包括实际电源、电感线圈、变压器和运放等。

(2) 电路的基本定律

◆ 理解基尔霍夫定律,能正确列写 KCL 和 KVL 方程。

1.2 稳态电路分析

(1) 直流稳态电路分析

◆ 了解支路电流法。掌握结点电压法。

◆ 掌握电源两种模型的等效变换。掌握叠加定理和戴维南定理。了解最大功率传输定理。

◇ 了解回路电流法和诺顿定理。

◇ 了解非线性元件特性及线性化处理方法,了解非线性电阻电路基本分析方法。

(2) 交流稳态电路分析

◆ 了解正弦交流电的三要素,理解正弦电量的相量表示法(含相量图)。理解电路基本定律的相量形式,掌握简单正弦交流电路的相量分析法。了解正弦交流电路复参数概念和瞬时功率概念,掌握有功功率、功率因数的概念和计算,了解无功功率和视在功率的概念,理解提高功率因数的方法及其经济意义。

◆ 掌握三相四线制供电系统中电源及单相、三相负载的正确联接,了解中线的作用,掌握对称负载三相交流电路的分析方法。

◆ 了解安全用电常识及其重要性。了解接地保护的作用和使用条件。理解不同接地系统的安全特性。

◇ 了解非正弦周期信号分解以及非正弦周期信号作用下线性电路的分析方法。

◇ 了解复功率的概念。

◇ 了解静电保护和电气防火、防爆的常识。

1.3 暂态电路分析

◆ 理解电路的暂态、换路定理和时间常数的基本概念;理解一阶电路的零输入响应、零状态响应和全响应;掌握一阶电路暂态分析的三要素法。

◇ 了解拉普拉斯变换求解电路的方法。

1.4 线性电路的特性分析

◇ 理解二端网络频率特性的概念。理解正弦交流电路串联谐振的条件及特征。

◇ 了解正弦交流电路并联谐振的条件及特征。

◇ 了解二端口网络的概念。理解传递函数的概念。理解低通、高通和带通等典型滤波电路特性。

◇ 了解波特图的绘制方法。了解 s 域传递函数与输出状态分析。

1.5 电路仿真分析

◆ 了解电路仿真原理,掌握使用一种基于 SPICE 的仿真软件进行电路仿真的方法。

◇ 了解应用 PCB 布线软件设计制作电路板的方法。

2. 电子技术与应用（建议学时：18～32）

"电子技术与应用"是电子信息领域的技术基础,是现代工程系统中不可或缺的环节。"电子技术与应用"的教学目的是:使学生能够理解电信号处理、传输及运算的基础电子电路和基本原理,了解常用模拟电子电路的构成特点及工程应用问题,了解数字逻辑及其基本电路的实现与应用,能够运用电路知识展开对典型电子电路状态及特性分析;同时,为继续学习本课程"控制技术基础"内容做准备。

预备知识:"电路基础"模块中相关知识。

2.1 电子系统概述

(1) 信息与信号

◆ 理解信息和信号的内涵;理解电信号的时域和频域的表征方法。了解信号的分类以及直流信号、正弦信号、方波信号和噪声信号的特征。

(2) 电子系统的分类和组成

◆ 理解电子系统的定义,了解电子系统的分类。理解数模混合系统的组成及各组成部分的作用。

2.2 模拟电子电路

(1) 信号的检测及放大

◆ 了解信号检测及传感器的分类。掌握温度传感器的工作原理和特性。

◇ 了解光电传感器和超声波传感器的工作原理和特性。

◆ 理解并掌握放大电路的类型及功能,理解并掌握放大电路性能指标的含义。

(2) 半导体器件

◆ 理解 PN 结的工作原理及伏安特性。了解二极管、晶体管的外特性及其电路模型(含模型参数含义)。

◇ 了解双极型晶体管、场效应晶体管的工作原理。

(3) 晶体管放大电路

◆ 理解晶体管放大电路的组成和工作原理,掌握其分析方法。理解放大电路的放大倍数、输入电阻、输出电阻和频率特性的概念。

◇ 了解场效应晶体管放大电路的组成和工作原理。

◇ 了解差分放大电路和功率放大电路的结构和原理,理解其在放大电路中的作用。

(4) 集成运算放大器

◆ 了解集成运算放大器的外部特性、电路模型和主要参数。

(5) 电路中的反馈

◆ 理解反馈的概念及负反馈对放大电路的影响。

◇ 了解电路中反馈类型的判断方法。

(6) 信号的运算电路

◆ 掌握典型的线性运算电路及分析方法。

◇ 理解运放电路带宽的概念及其影响因素。

◇ 理解运放的失调电压和失调电流的概念,掌握由实际运放组成的放大电路的分析方法。

◇ 了解运放单电源运行的原理及分析方法。

(7) 有源滤波器

◆ 了解有源滤波电路的特点,理解滤波器电路分析方法。了解一阶低通滤波器、一阶高通滤波器和带通滤波器的典型电路结构和特性。

◇ 了解二阶低通滤波器的典型电路结构和特性。

(8) 模拟信号的产生

◆ 了解比较器的工作原理,理解正弦信号和方波信号发生器的电路结构和分析方法。

◇ 了解三角波发生器和锯齿波发生器的工作原理。

(9) 电力电子电路

◆ 理解二极管整流电路、电容滤波和线性稳压电路的工作原理。掌握三端稳压模块的使用方法。了解稳压电源的主要参数。

◇ 了解功率半导体器件的工作原理。

◇ 理解电能转换的概念,了解可控整流及变流电路的基本构成与作用。

2.3 数字电子电路

(1) 模拟信号和数字信号及相互转换

◆ 理解模拟信号和数字信号含义,理解数-模、模-数转换器的工作原理。

(2) 逻辑代数与门电路

◆ 掌握门电路及基本逻辑关系,理解逻辑代数运算法则。掌握用逻辑代数或卡诺图化简逻辑函数的方法。

◇ 了解 TTL 和 CMOS 集成门电路的工作原理及基本参数。了解 OC 门、OD 门、三态门的功能和使用方法。

(3) 组合逻辑电路

◆ 了解组合电路的概念,掌握组合逻辑电路的分析和设计方法;理解加法器、编码器、译码器的逻辑功能和使用方法。

◇ 了解数据选择器、数据分配器、数据比较器的逻辑功能和使用方法。

(4) 时序逻辑电路

◆ 了解时序逻辑电路的概念,理解典型触发器的逻辑功能。

◆ 理解寄存器、计数器的工作原理。

◆ 掌握用触发器组成的时序逻辑电路的分析方法。掌握常用时序逻辑集成电路的使用方法。

◇ 了解多谐振荡器、单稳态触发器和施密特触发器的工作原理,理解555时基电路的基本应用。

(5) 可编程逻辑器件基础

★ 了解CPLD/FPGA的组成及工作原理。

★ 掌握Verilog的模块结构、端口和信号声明,以及电路逻辑的基本描述方法。

★ 能够利用连续赋值语句和过程块正确描述数字逻辑电路。

◇ 理解状态机的概念,能够利用状态机正确描述时序逻辑电路。

★ 掌握测试平台的编写方法,能够使用EDA仿真软件进行仿真。

★ 能够使用CPLD/FPGA开发平台进行综合下载和调试,实现CPLD/FPGA硬件设计功能。

2.4 基于微处理器的电子系统

◇ 了解一种单片机平台的软硬件组成和工作原理。掌握其程序结构、数据类型和变量,并掌握其基本编程语句和程序设计方法。

◇ 了解几种基于单片机的数模混合电子系统的硬件电路构成及工作原理,如温度测量显示系统等。了解单片机在电子系统中的作用,并能够编写相应的单片机程序。

3. 电能转换与应用(建议学时:5~8)

“电能转换与应用”是电路理论在电能转换中的具体应用,是现代工程系统中不可或缺的环节。“电能转换与应用”的教学目的是:使学生建立起以变压器和三相异步电动机为代表的、以磁为媒介的电能传输和机电能量转换的知识框架,掌握常用电动机的特性和技术要点,了解电能转换新技术;同时,为继续学习本课程“控制技术基础”内容做准备。

预备知识:“电路基础”和“电子技术与应用”模块中相关知识。

3.1 电磁转换与应用

(1) 磁路定律与工程磁路

◆ 了解磁路分析中的基本物理量和基本定律,了解铁磁材料(含永磁)的导磁性能和工程磁路构成特点。

(2)交流铁心线圈

◆ 了解交流铁心线圈的基本结构,理解交流铁心线圈电路中的电磁关系、电压平衡方程与铁心损耗。

(3)电磁铁

◇ 了解直流电磁铁和交流电磁铁的基本结构和工作原理,能够对交、直流电磁铁的磁与电之间的关系进行定性分析。

(4)变压器

◆ 了解单相变压器的结构和工作原理,掌握理想变压器电压、电流、阻抗变换关系及其电路分析。了解变压器额定值与外特性的含义。

◇ 了解绕组同极性端的概念和连接方法。了解特殊变压器和三相变压器。

3.2 机电能量转换与应用

(1)三相异步电动机

◆ 了解三相异步电动机的基本结构。理解三相异步电动机的工作原理和机械特性。掌握三相异步电动机起动条件和方法。了解三相异步电动机调速、制动和反转方法。了解铭牌数据的意义。

(2)单相异步电动机

◇ 了解单相异步电动机的基本结构、工作原理及应用。

(3)同步电机

◇ 了解同步电机的基本结构、工作原理及应用。

(4)直流电机

◇ 了解直流电机的基本结构、工作原理及应用。

(5)控制电机

◇ 了解步进电机、伺服电动机的基本结构、工作原理及应用。

3.3 电能转换新技术

◇ 了解光伏、风力等清洁能源发电技术。了解超导储能、超级电容储能、蓄电池储能、抽水发电储能、飞轮储能。了解磁流体发电、电磁弹射、磁悬浮等电工新技术。

4. 控制技术基础(建议学时:3~24)

“控制技术基础”是本课程的电路理论、电子技术、电动机等设备获得工程应用的载体,是现代工程系统中不可或缺的环节。“控制技术基础”的教学目的是:使学生建立起“以开环结构实现逻辑控制、闭环结构实现自动调节控制”的知识体系,体会从模拟控制到数字控制,再到智能控制的发展历程,掌握基本逻辑控制系统的设计与实现,了解自动调节系统的组成与特点。

预备知识:"电路基础""电子技术与应用"模块中相关知识。

4.1 逻辑控制

(1) 低压电器

◆ 了解刀开关、熔断器、空气开关、按钮、交流接触器、时间继电器、行程开关、组合开关、中间继电器、热继电器等低压电器的工作原理,掌握它们的电气图形符号和文字标记。

(2) 基于低压电器的基本逻辑控制

◆ 掌握电动机的直接起停控制(自锁)、电动机的双向运行控制(互锁)、两台电动机顺序控制(联锁)的主电路和控制电路的工作原理,理解欠压保护原理,了解短路保护和过载保护的实现技术。

◇ 掌握时间控制和行程控制的基本技术方案,了解行程保护的实现技术。掌握电动机 Y-△起动主电路和控制电路的构成和工作原理。

(3) 基于 PLC 的基本逻辑控制

★ 了解基于 PLC 的逻辑控制系统与基于低压电器的逻辑控制系统的异同,掌握 PLC 系统的基本构成。

★ 理解 PLC 的组成和循环扫描工作原理,了解 PLC 的 I/O 端口与内部电路的关系,以及与外部电路的连接方式。

★ 了解 PLC 的基本编程元件及基本位操作指令,掌握梯形图的编程方法,掌握起保停、互锁、联锁、延时控制等基本的控制方案。

◇ 了解利用基于顺序功能图(sequential function chart,SFC)的编程方法,能够根据顺序功能图编写顺序控制梯形图程序。

4.2 模拟控制

(1) 模拟控制系统基本结构与自动调节原理

★ 掌握控制系统的基本构成和闭环结构,理解控制系统的负反馈机制,掌握基于偏差的自动调节概念。

◇ 了解控制系统中,比较器和检测器(传感变送)环节基于运算放大器的基本实现方案。

(2) 模拟控制系统的稳定性及动、静态品质

★ 掌握模拟控制系统稳定性概念,掌握稳定控制系统在阶跃激励下的几种典型响应及其稳态精度、动态响应时间、超调量的定义。

★ 了解控制系统各环节传递函数的含义,掌握形成开环传递函数和闭环传递函数的方法。

★ 掌握基于系统传递函数的稳定性频域分析方法,掌握基于系统传递函数的稳态精度分析方法,了解一阶系统从开环到闭环动态调节时间及稳态精度的变化。

◇ 了解基于系统传递函数的稳定性时域分析方法,了解校正控制系统品质的基本措施。

(3) 过程控制与基本控制策略

★ 了解过程控制系统的特点,掌握 PID 控制器的含义和控制特点,了解串级控制、比值控制、前馈控制、滞后补偿控制的目的和基本方法。

◇ 掌握基于运算放大器的 PID 实现方案。

4.3 数字控制

(1) 从模拟控制到数字控制

★ 理解基本数字控制系统与模拟控制系统在控制目的、控制手段、系统结构和构成方面的异同。掌握基本数字控制系统的原理结构(信号流图)及各环节作用。

◇ 了解总线机制下的数字控制系统的组织结构,了解数字控制系统的功能拓展概念,包括规模化集散控制、直接数字控制、监督控制、智能控制等。

(2) 数字控制基本算法及数字控制系统的数学描述

★ 掌握数字 PID 算法。

◇ 了解常见数字滤波算法,包括低通滤波、高通滤波、尖峰滤波、中值滤波、均值滤波等。

◇ 理解数字控制系统简化信号流图,理解离散信号序列的 z 域表示,了解信号保持器功能及传递函数,了解数字 PID 控制器的 z 域传递函数,了解形成简化数字控制系统传递函数的方法。

◇ 了解 PLC 的模拟量输入输出模块的使用方法,了解利用 PLC 进行 PID 控制的方法。

(3) 数字控制系统的稳定性及动、静态分析

◇ 了解基于 z 域传递函数的基本数字控制系统稳定性分析方法,掌握基于时域迭代式的基本数字控制系统动、静态分析方法。

4.4 智能控制概述

◇ 了解智能控制的基本概念、类型和特点。

◇ 结合工业过程控制问题或现代生产制造控制问题,了解数据驱动的模型参数智能识别的概念和基本方法,了解智能控制器的主要类型、功能和基本实现方法。

5. 实验与实践(建议学时:8~32)

"实验与实践"是本课程重要的实践性教学环节。"实验与实践"的目的是:帮助学生巩固和加深理解所学的理论知识,学会使用软件工具进行设计、仿真和测试,训练学生的实验技能和动手能力,使学生树立工程观念和严谨的科学作

风,在独立实验和合作实验中加强求是意识、工程意识和创新意识,培养学生解决复杂工程问题的能力。

5.1 基础实验

(1) 仪器及设备使用

◆ 掌握常用电工电子仪表、仪器及电工电子设备的功能和使用方法。理解测量误差和仪表准确度等级的意义。

(2) 测试技能

◆ 掌握基本测量技能。掌握电流、电压、功率、外特性的测量方法。

◇ 能够根据实验要求设计测试系统,获取正确的测量数据,完成实验要求。

(3) 典型现象认知

◆ 理解交流电路电压电流关系、功率因数提高、交流谐振、电路的频率特性、电路中的过渡过程、三相不对称负载等现象。

◇ 了解放大电路的失真、负反馈对放大电路的影响、集成运算放大器的饱和等现象。

(4) 实验设计与总结

◆ 掌握常用电子元器件的选型和使用方法。

◆ 掌握实际电路的连接方法,以及简单电路故障的排查方法。

◆ 掌握电路调试方法,能够设计测试方案,观察和记录测试数据、波形等。

◆ 掌握使用软件进行电路设计、仿真及测试的方法。

◆ 掌握处理实验数据的方法,能够以实验数据和实验现象分析为基础得出实验结论,撰写规范的实验报告。

5.2 工程实践

在实验的基础上,设置若干具有相关学科工程运用背景的实践项目,这些项目以解决相应专业的实际工程问题为抓手,培养学生的理论与实践相结合、多学科知识交叉融合的能力,实施过程中,可根据具体的专业培养方案与实验教学条件进行合理安排。项目类型如下:

◆ 测试系统设计与实践。

◇ 控制系统设计与实践。

◇ 专业特色项目实践。

三、对工程教育专业认证毕业要求的支撑

在工程教育专业认证工作中,本课程教学目标可对工程教育专业认证中的以下毕业要求内涵观测点给予支撑:

毕业要求 1 工程知识:能够将数学、自然科学、工程基础和专业知识用于解

决复杂工程问题。

作为一系列非电类专业重要的工程基础类课程明确支撑其“将工程基础用于解决复杂的工程问题”相关的内涵观测点。

毕业要求2　问题分析:能够应用数学、自然科学和工程科学的基本原理,识别、表达、并通过文献研究分析复杂工程问题,以获得有效结论。

课程对该要求中“应用工程科学的基本原理,识别、表达、并通过文献研究分析复杂工程问题,以获得有效结论”的内涵观测点提供支撑。

毕业要求3　设计/开发解决方案:能够设计针对复杂工程问题的解决方案,设计满足特定需求的系统、单元(部件)或工艺流程,并能够在设计环节中体现创新意识,考虑社会、健康、安全、法律、文化以及环境等因素。

课程可以对“针对复杂工程问题的解决方案,设计满足特定需求的系统、单元(部件)或工艺流程”的相关内涵观测点提供支撑。

毕业要求4　研究:能够基于科学原理并采用科学方法对复杂工程问题进行研究,包括设计实验、分析与解释数据、并通过信息综合得到合理有效的结论。

课程可以对该要求中的“设计实验、分析与解释数据、并通过信息综合得到合理有效的结论”的相关内涵观测点提供支撑。

毕业要求5　使用现代工具:能够针对复杂工程问题,开发、选择与使用恰当的技术、资源、现代工程工具和信息技术工具,包括对复杂工程问题的预测与模拟,并能够理解其局限性。

课程可以对该要求中的“使用恰当的现代工程工具和信息技术工具”相关内涵观测点提供支撑。

四、几点说明

(1) 先修课程:高等数学、工程数学、大学物理

(2) 内容编排规则:

全部“电工学”课程内容分为五个主模块,“主模块”以数字顺序编号,如:“1电路基础”“2电子技术与应用”。每个主模块又被分成若干个子模块,子模块以“数字 . 数字”顺序编号,第一个数字是其所属的主模块编号,第二个数字是该子模块在所属主模块中的序号,如:“4. 2模拟控制”。

每个主模块前有学习该模块所需要的“预备知识”说明。

(3) 建议学时

子模块名称后面括号中的学时数为建议教学学时,是该子模块全部基本内容的教学学时之和。

(4) 教学大纲的组成原则

各类学校的非电类专业需要根据本校的培养目标、专业培养计划和教学要求选择一系列“子模块”组成针对本校该专业的电工学教学大纲。选择子模块时必须注意到每个模块所需的“预备知识”,如果学生已经在其他课程中获得了相关的“预备知识”,该“预备知识”中可以不包含在大纲中。否则,教学大纲中必须同时包含该子模块所需的“预备知识”子模块。

一旦选择了某个“子模块”作为教学大纲中的内容,该子模块中带“◆”的内容是必选内容,带“★”的内容是推荐内容,带“◇”的内容是拓展内容。

读者意见反馈

为收集对教材的意见建议，进一步完善教材编写并做好服务工作，读者可将对本教材的意见建议通过如下渠道反馈至我社。

咨询电话　400-810-0598

反馈邮箱　gjdzfwb@ pub. hep. cn

通信地址　北京市朝阳区惠新东街 4 号富盛大厦 1 座

　　　　　高等教育出版社总编辑办公室

邮政编码　100029

防伪查询说明

用户购书后刮开封底防伪涂层，使用手机微信等软件扫描二维码，会跳转至防伪查询网页，获得所购图书详细信息。

防伪客服电话　(010)58582300